KB270193

이제 곧 엄마가 되는 당신에게

괜찮아 괜찮아

사카모토 후지에 지음
이소영 옮김

중앙 books
JoongAng Ilbo

:: CONTENTS ::

이 책을 통해 전하고 싶은 말

조산사가 된 지 66년이 흘렀습니다. 조산사로 막 개업했던 시절에는 임신하고 배 속에서 기르고 출산하는 일이 특별한 것이 아니라 지극히 자연스럽고 당연한 일이었죠. 해산 장소는 당연히 병원이 아닌 집이었어요. 임신부가 산기를 느끼면 남편이 자전거를 타고 산파를 부르러 갑니다. 시아버지는 물을 끓이고 시어머니는 아이들과 함께 임부 옆에서 기운을 북돋우는 역할을 했습니다. 순산을 바라며 온 집안이 들뜬 마음으로 우렁찬 울음소리를 기다렸어요. 먹을 것이 부족해서 감자나 단호박을 넣은 죽으로 끼니를 때우던 시절이었지만 아기가 태어난 그날만큼은 하얀 쌀밥이 밥상에 올랐습니다. 온 가족이 힘을 합쳐 출산이라는 큰일을 치르면서 가족 간의 유대는 더욱 깊어졌어요.

시대가 바뀌면서 서양문화가 자리 잡는 동안 출산 장소는 집에서 병원으로 바뀌었습니다. 근대적이고 청결한 분만실, 출산 후 편하게 몸조리할 수 있는 병실 등 당시 여성들에게 병원 분만은 동경의 대상이었습니다. 그런 분위기 속에 병원 분만은 금세 주류가 되었고, 눈부신 속도로 의료기술이 발전해서 지금은 7개월 만에 조산한 아이도 살릴 수 있는 시대가 되었지요. 이것은 66년 전에는 상상도 못할 일입니다. 아기를 낳는 일은 이제 더 이상 걱정할 만한 큰일이 아니게 된 것 같습니다.

그러는 동안 육아의 모습은 어떻게 바뀌었을까요? 학대에 대한 뉴스가 끊이지 않고 은둔형 외톨이, 왕따 등 육아를 둘러싼 불안이 나날이 커지고 있습니다. 오랫동안 출산 현장에 있었던 저는 출산에 의료기술이 개입하기 시작하면서 육아에 대한 불안이 더 커지고 있다는 느낌을 받았습니다.

요즘 젊은 여성들 사이에서 의료기술이 개입하지 않는 자연분만, 자택 분만을 희망하는 사람이 늘고 있습니다. 첫째는 병원에서 낳았지만 이번에는 조산원에서 출산하고 싶다는 사람, 친구의 조산원 출산 이야기를 듣고 용기를 내어 시도해 보려는 사람들이 자그마한 우리 조산원에 몰려들고 있습니다. 또 건강에 문제가 있어서 조산원 출산은 못했지만 산욕기를 조산원에서 보내고 싶다는 산욕 입원 희망자도 있습니다. 젖이 불었는데 어찌할 바를 몰라서 아기를 안고 달려오는 산모, 아기가 울음을 그치지 않아서 도움을 요청하는 산모 등 이곳에서 출산했든 다른 곳에서 했든 누구나 우리 조산원에 도움을 요청합니다. 출산을 기다리는 것이 저의 일이다 보니 이곳은 365일 24시간 언제나 대기 상태입니다. 처음 해보는 육아에 긴장한 산모도 이곳에서 이야기를 나누다 보면 뻣뻣했던 어깨에 힘이 빠지고 뺨이 핑크빛으로 밝게 물들어 돌아갑니다. 그럴 때마다 '이 일을 하길 잘했다. 앞으로도 열심히 해야지.' 하는 마음이 절로 들어요.

조산원은 정상적인 분만을 돕는 장소입니다. 아기는 스스로 태어날 힘을 지니고 있습니다. 저는 임산부가 '아기를 낳는' 일을 돕는 것이 아니라 '아기가 태어나는' 것을 돕는다는 생각으로 일하고 있습니다. 젊은 여성들이 조산원으로 눈을 돌리는 것은 병원 중심의 출산보다 아기 중심의 자연스러운 출산을 원하는 것으로 사람들의 의식이 바뀌기 시작했다는 뜻이 아닐까요?

조산원이든 병원이든 출산은 결국 엄마가 하는 겁니다. '그래. 세상에 나오고 싶어 하는 우리 아기를 위해 힘내야지!'라는 생각으로 마음의 준비를 해주세요. 이런 마음가짐이 있다면 출산 장소가 어디든 무사히 출산을 할 수 있답니다. 출산에는 산더미 같은 걱정이 아니라 '다가올 앞일을 자연스레 받아들인다.'는 결의가 필요해요. 육아도 마찬가지입니다. 출산이든 육아든 머리로 생각하면 어려워요. 눈앞의 일을 자연스럽게 받아들이는 자세가 필요합니다. 부모가 주체가 되어 '낳고 기르는 것'이 아니라 아기가 주체가 되어 '태어나고 자라는 것'을 있는 그대로 받아들이고 돕는 것이 부모의 일이에요. 긴장을 풀고 편안한 마음부터 준비하길 바랍니다.

출산은 여성이라면 누구나 해왔던 일. 먹고 자고 배설하는 일의 연장입니다. 출산과 육아를 어렵게 생각하며 긴장하고 있는 예비 엄마들에게 이 책이 도움이 된다면 더할 나위가 없겠습니다.

"괜찮아. 다 잘 될 거예요."

사카모토 후지에

조산사 할머니의 일상

먹고 자고 태어나다.

출산은 생활의 일부분입니다.

와카야마 현 다나베 시, 호걸 벤케이[*]의 고향이자 구마노 옛길[**]의 입구로도 알려진 다나베 시의 바다가 보이는 작은 언덕 위에 사카모토 조산원이 있습니다. 365일 24시간, 생명의 탄생을 마주하며 산 지 66년째. 24시간 대기라고 하니 '조산사 할머니는 숨 쉴 틈도 없겠네요?' 하며 긴장으로 꽉 찬 하루를 떠올릴지도 모르지만, 결코 그렇지 않습니다. 출산은 생활의 일부분이니까요. 이곳에 오면 출산이 무섭거나 특별한 일이 아니라는 것을 느낄 수 있어요. 아기가 생기고 아기를 낳고 키우는 일은 먹고 자고 배설하는 것과 다르지 않습니다. 머리로 생각할 필요가 없는 본능적인 일이지요. 우리 조산원의 일상을 살짝 소개합니다.

[*] 벤케이 弁慶 무술에 뛰어난 거구의 승려로 미나모토노 요시쓰네를 섬기며 충성을 다함.

[**] 구마노 옛길 熊野古道 구마노 삼산으로 가는 참배객들을 위해 만들어진 순례길.

바다가 보이는 언덕 주택가 한편에 조산원이 있다.

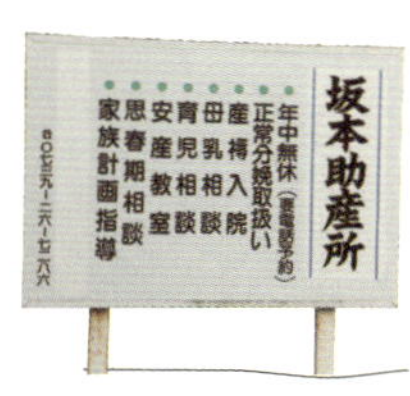

출산 이외에도 사춘기 상담, 가족계획 등
다양한 상담을 하고 있다.
덩치는 나보다 크지만
'할머니한테는 못 이긴다니까요.' 하는
녀석들을 만나러 학교에 성교육 출강도 간다.
옛날 산파의 역할이 그러했듯
'무엇이든 물어보세요' 상담소가
나의 역할이다.

사카모토 조산원의 외관
노란색 코끼리 간판은 손자의 아이디어.
'코끼리 집에 가요.' 하며 아이가 졸라서 왔다는 말을
들으면 정말 기쁘다. 조산원 오른쪽에는 건강교육,
육아 모임 등에 사용되는 배움의 집이 있다.

아침에 일어나면 이를 닦는다.
전날 돌려놓은 세탁물을 널고 밥을 지어
2년 전부터 누워 지내는 남편의 아침 식사를 준비한다.
그다음이 내 차례이다.

"긴장하거나 초조해하지 말고
마음을 편히 먹으면 몸이 자정작용을 하지."

건강의 비결은 밥. 예전에는 4그릇씩 먹었다.
지금도 1~2그릇은 꼭 먹는다.
입원 환자에게는 16곡미를 제공하지만
나는 납작보리만 섞어 먹는 것을 좋아한다.
"찻물로 끓인 차죽을 즐겨 먹지.
찬밥에 펄펄 끓인 차죽을 얹어 먹는 것도 좋고."

아침 반찬은 말린 생선 작은 것과 매실 장아찌,
그리고 날마다 바뀌는 반찬 몇 가지.
매실 장아찌는 아들의 농원에서 키운 것으로
소금과 햇볕으로 간하여 맛을 낸다.
"소금기 적은 수제 장아찌에
간장을 조금 뿌려 먹으면 맛있지."

보통은 평상복을 입지만 출산이 있으면 흰 가운을 입는다.
뒤에는 동료 조산사인 가미야 가즈요 씨.
일주일에 몇 번씩 도와주러 오는 든든한 존재이다.
산부 진단, 컴퓨터 서류 정리 등 운영에 꼭 필요한 일을 도와준다.

전화상담도 많다.
외출 전에는 출산이 임박한 임신부의 진료기록을 보며
전화로 상태를 체크하고 귀가시간을 알려주고 나간다.
오늘은 모유가 꽉 막혔다며 SOS 전화가 왔다.

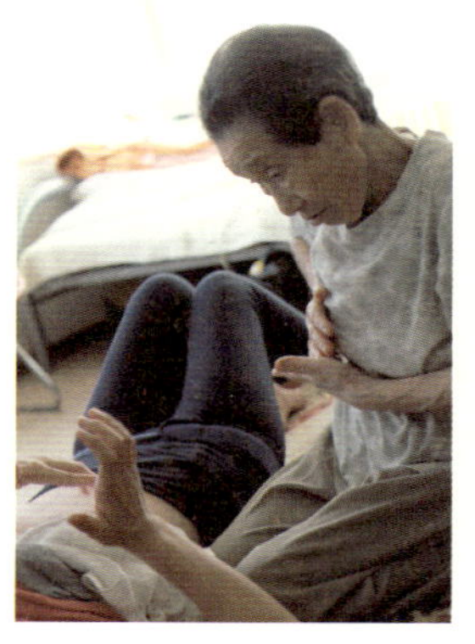

가슴 마사지 후 셀프케어 방법을 지도하고 있다.
임산부의 생활환경을 자세하게 물어보고 그 사람에게 맞는 조언을 아낌없이 한다.
이야기한들 먹혀들지 않을 것 같은 때는 아무 말 안 하다가
마음이 열려 있는 느낌이 들 때 이야기한다.

식사 담당 다무라 도시코 씨

아침부터 조산원이 부산스럽다.
가슴 통증 때문에 내원한 산모는
마사지를 받은 후 편안하게 수유하고 있다.

조산원에는 사람의 발길이 끊이지 않는다.

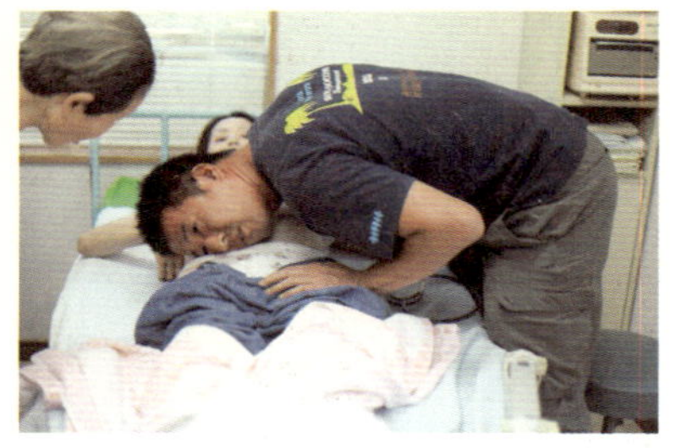

아빠에게 아기의 심장 소리를 들려준다.
초음파도 없던 시절, 혼자서 아기를
받을 때는 산모의 배에 귀를 대고
소리를 들으며 출산을 진행했다.

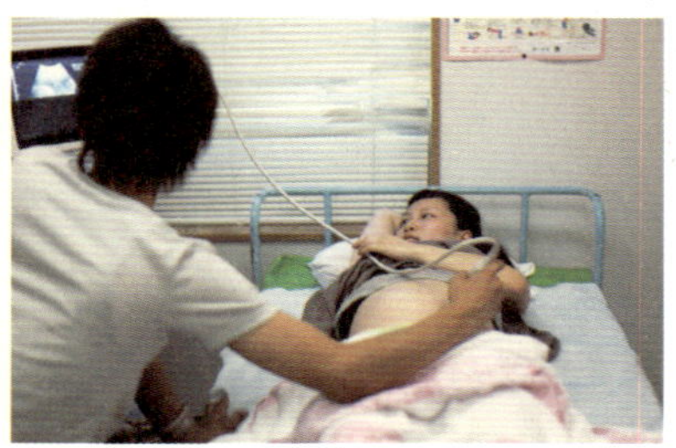

아기 아빠에게도 초음파 화면을 꼭 보여준다.
이 동네는 차 없이 못 다니는 곳이라
진료 때 남편이 따라오는 경우가 많다.
덕분에 출산의 흐름을 자연스레 알려줄 수 있어서 좋다.

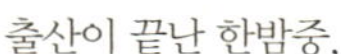

"출산에는 남편의 역할이 없다지만,
절대 그렇지 않지."

출산을 한 달 앞둔 임신부의 검진.
"여기 머리가 있네. 언제 나와도
이상하지 않은 상태지만 긴장하지 말아요.
아기는 아직 엄마 배 속에 더 있고 싶은 모양이야.
나오고 싶어지면 나올 테니 걱정 말고.
출산은 엄마의 일이 아니고 아기의 일이니까."

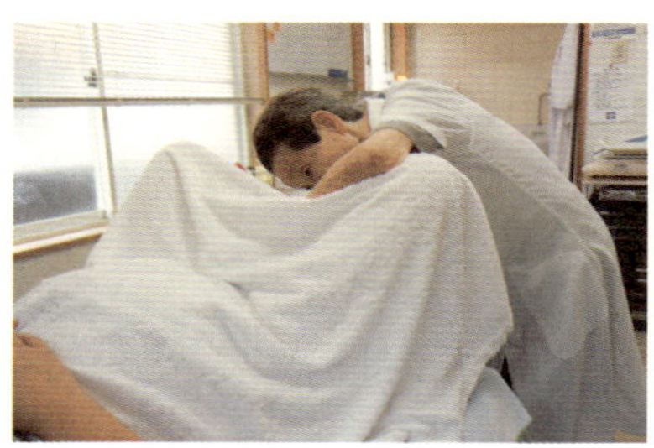

출산이 끝난 한밤중,
산모와 아기를 입원실에서 쉬게 하고 출산을
함께했던 조산사 3명이 티타임을 갖고 있다.
새벽 2시에도 이렇게 이야기꽃이 핀다.
서로 고생했다고 보듬고 마음을 가다듬는
이런 시간이 소중하다.

입원 산모의 아침 식사. 모유가 많이 나오도록
영양 만점 식사를 그득히 준비한다.
"이 정도는 다들 싹 해치우지.
몇 개월이나 배 속에 있던 것이 나왔으니
얼마나 개운하겠어. 팔팔하지."

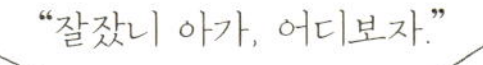

아침상을 비웠을 즈음 방에 들러서 안부를 묻는다.
"식사는 어때?"
"맛있었어요."
입원 산모들은 마치 자기 집에 있는 것처럼
마음이 편하다고들 한다.

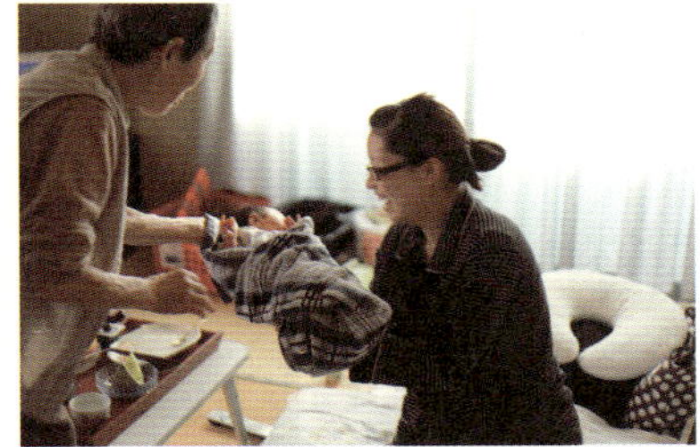

분만실에 설치된 욕조에서 목욕법을 알려준다.
"내가 하는 걸 잘 보고,
이렇게 수건을 감아서 천천히 하는 거야.
귀에 물 들어가지 않게 조심하고.
손이 미끄러지면 어쩌나, 떨어뜨리면 어쩌나
처음에는 긴장되지만 몇 번 해보면 잘할 수 있어."

목욕 후에는 체중을 재고
아기의 몸을 꼼꼼히 살펴본다.
초보 엄마에게 아기 대하는 법을 알려주는 시간이다.
"어머, 그렇게 해도 괜찮아요?"
"그렇구나. 여기는 이렇게 살살 만지는 거죠?"
힘을 줄 곳과 뺄 곳, 그 차이를 체감시켜준다.

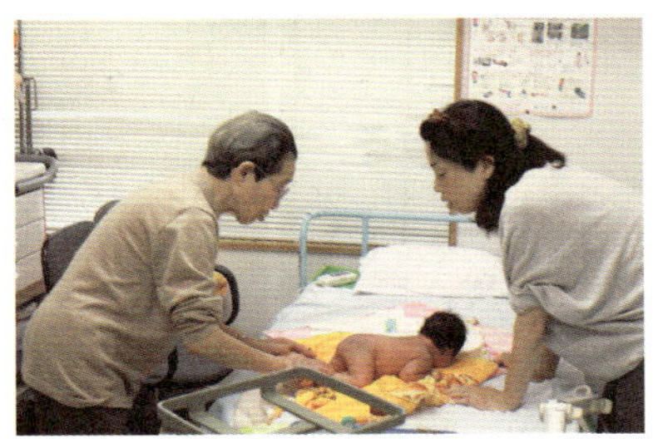

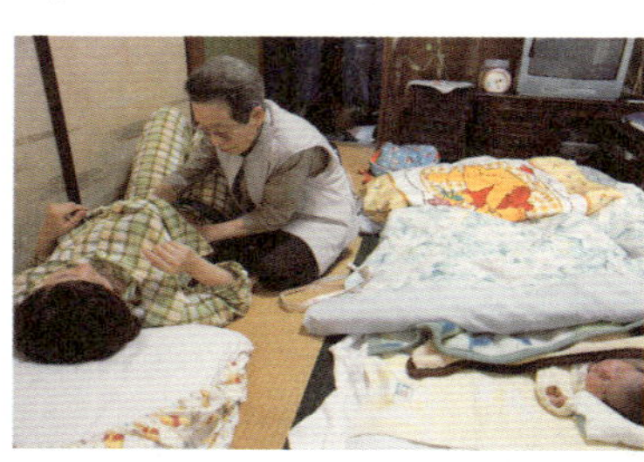

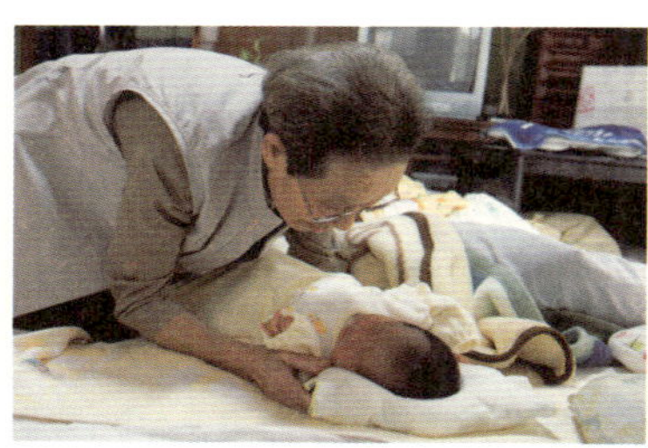

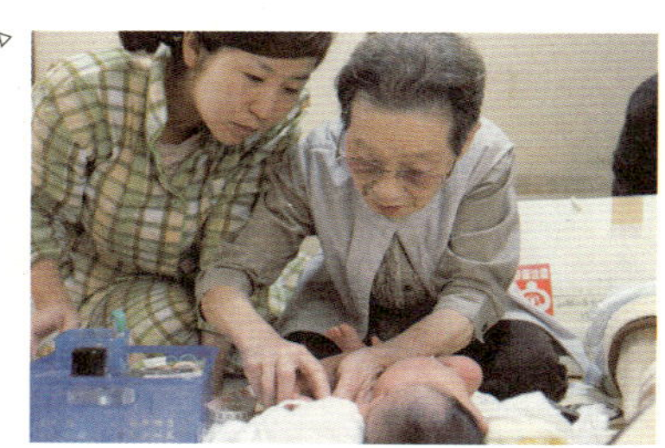

출산 후 2주째에는 꼭 가정 방문을 한다.
"아기가 어떤 환경에서 사는지 보고 그에 맞는 조언을 해주는 거지.
육아에서 가장 중요한 것은 출산 직후 5일, 그다음이 2주간이야.
이때 아기를 어떻게 대하느냐에 따라 그다음 육아가 크게 달라지지."

오전과 오후, 적어도 두 번은 입원 환자의 음식 재료를 사러 간다.
맛있는 생선을 파는 근처 슈퍼마켓에서 대체로 다 구할 수 있다.
물품별로 사는 곳이 정해져 있어서 그때그때 장 보는 곳이 다르다.

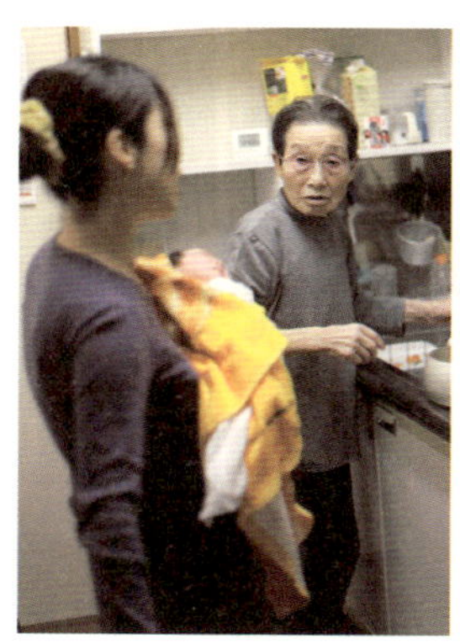

출산 후 4일간은 조산원에 입원한다.
아침 점심 저녁, 같이 지내면서
아기를 어떻게 대하면 되는지
상세히 알려준다.

능숙하게 식사 준비를 해서 방에 가져다준다.
때로는 여러 명의 환자가 입원해 있지만
막힘없이 척척.
"6월은 정말 출산이 많아.
그러다 7월에는 뚝 그친다니까."

남편, 4살 아들 이쓰키와 같이 온
유이코 씨. 거실에 이불을 깔고
대기 중이다. 배가 부푸는 감촉으로
진통 간격을 잰다.

온열요법 기구를 이용해
뜸과 같은 효과로 혈을 따뜻하게
하여 진통을 촉진한다.

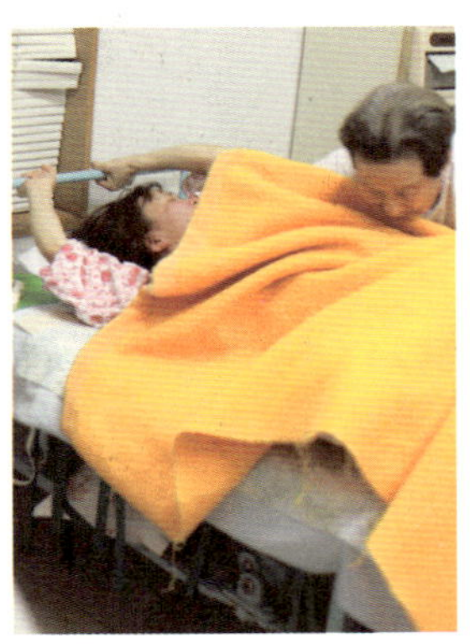

23시 28분, 본격적인 진통이
시작되었다. 진통이 오면
'영차!' 하며 아기에게
대답하듯이 강하게 마사지한다.

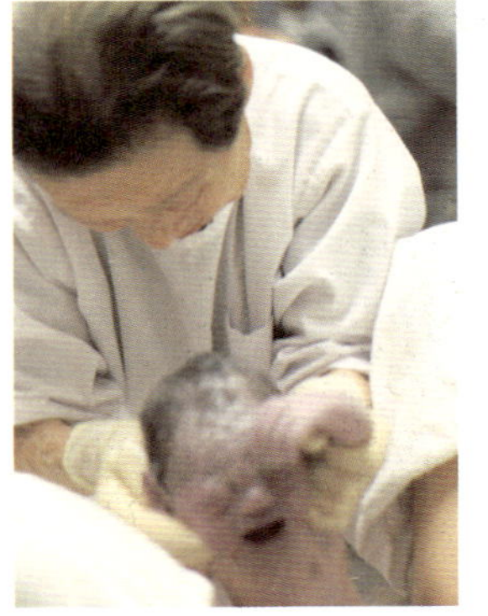

23시 33분, 자궁이 다 열렸다.
아기가 보내는 진통에 맞춰
자연스레 배에 힘을 준다.
23시 56분, 아기가 무사히 태어났다.

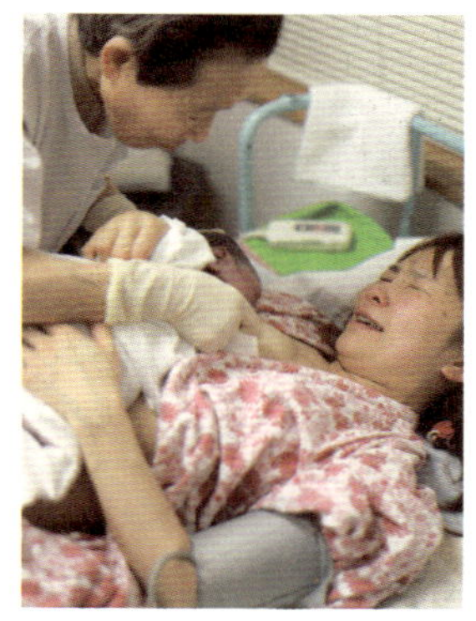

유이코 씨가 가슴팍의 아기와
첫 대면을 했다.
젖을 물렸더니 잘도 빤다.
"잘 먹네. 우리 아기."

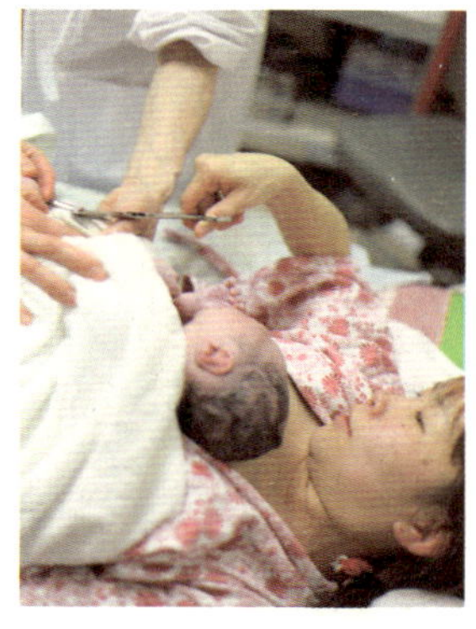

남편은 내일 있을 첫째 아들의
유치원 발표회 준비로 가고 없어서
유이코 씨가 직접 탯줄을 잘랐다.

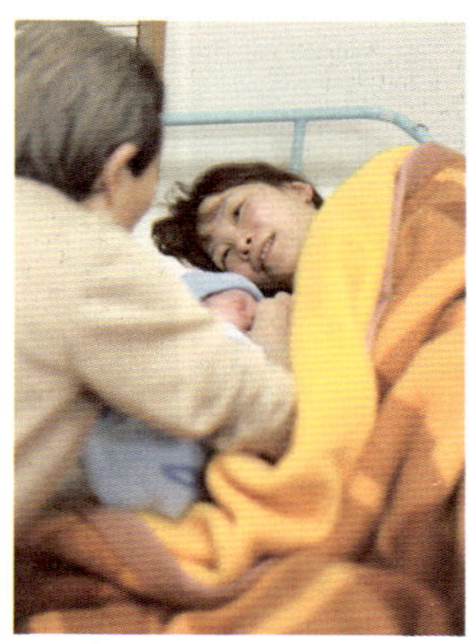

출산 직후 유이코 씨 옆에 앉아
고생 많았다고 다독여준다.
산모에게 소중한 시간이다.

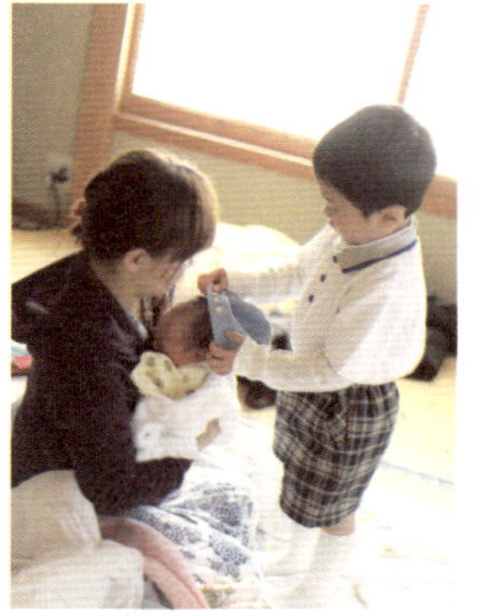

다음 날 아침,
이쓰키가 유치원 가는 길에
아기를 보러 들렀다.
이제는 형이라고 인사하는 모습이
한층 늠름해 보인다.
"아가야. 추우니까 모자 쓰고 있자."

2011년 2월 20일 2시 35분, 니시 후미요 씨(33세) 입원.
11시 47분, 차녀 노도카가 태어났다.
3,236g, 임신 40주 1일째.

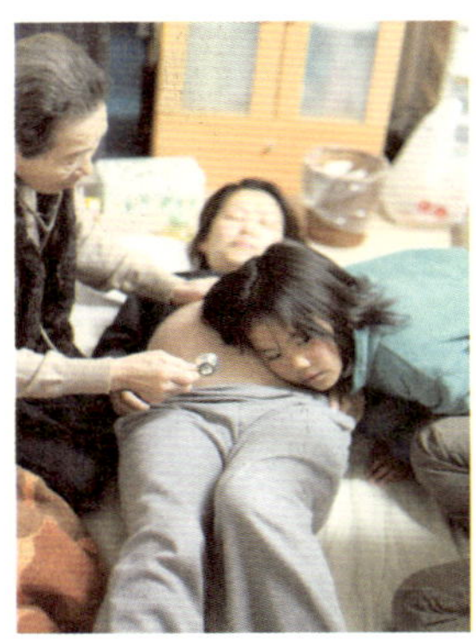

남편, 쌍둥이 동생 기미요 씨(조산사),
초등학교 1학년인 유와 함께
한밤중에 온 후미요 씨.
심장 소리부터 확인한다.

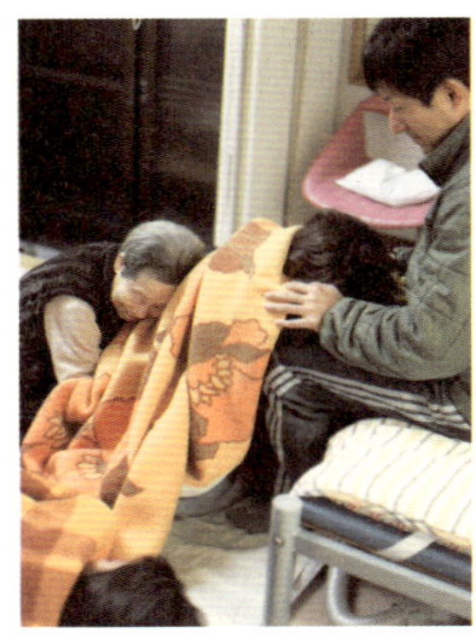

남편의 무릎에 기대앉은
후미요 씨의 허리를 어루만져준다.
'이건 뭐 꼬리잡기라도 하는 것 같군.'

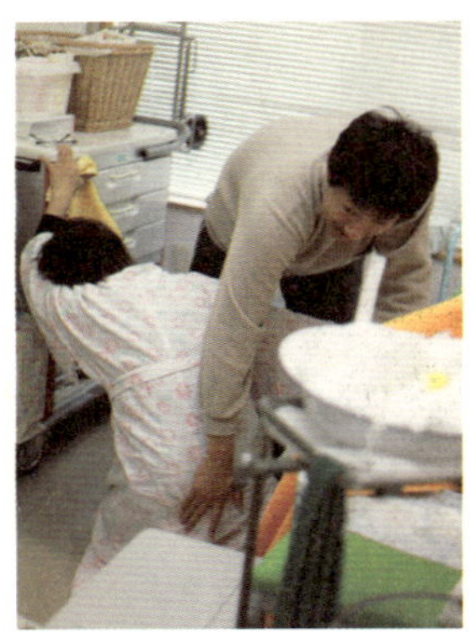

아침 8시. 아프다.
어떤 자세로 있어도 너무 아프다.
가미야 선생님이 안 되겠다며
욕실로 데려갔다.
30분 정도 좌욕해서 몸을 덥힌다.

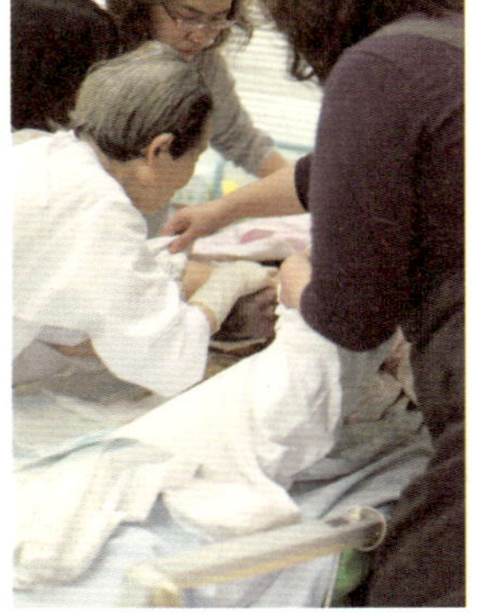

11시 31분, 자궁이 9cm 열렸다.
억지로 박자를 맞추지 않고
아기의 페이스에 맞춘다.
이윽고 "머리가 나왔어!"

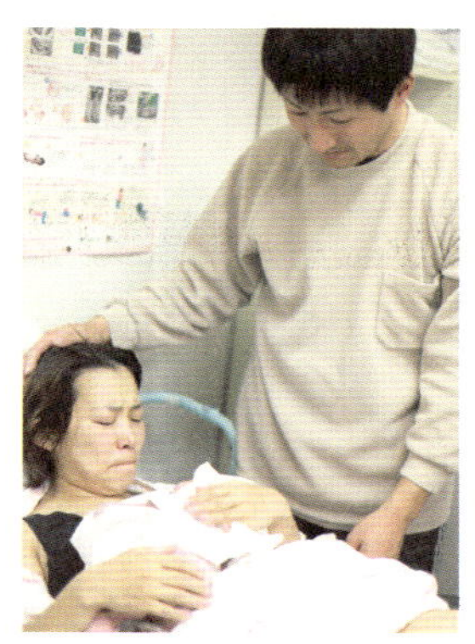

감격하는 후미요 씨,
그리고 아기와 아내를 보며
따뜻한 말을 건네는 남편.
"고생 많았어!"

가족 모두가 들뜬 가운데
남편이 탯줄을 잘랐다.
"출산은 정말 신비한 일이지.
아기를 믿고 맡기면 괜찮아."

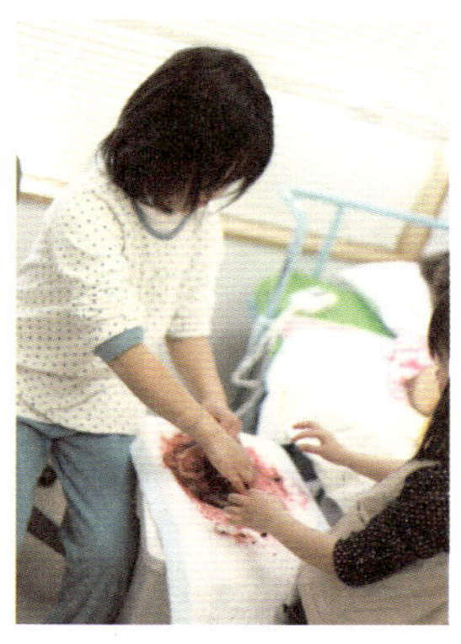

아이들에게 태반에 대해 설명해준다.
"태반은 아기의 크기에 비례하지.
이것이 아기의 생명을 지켜준단다."

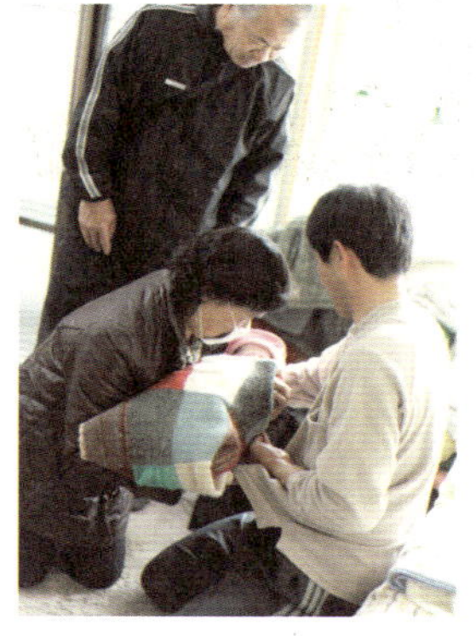

할머니, 할아버지와의 첫 만남.
"건강히 태어나서 다행이구나!
아범도 고생 많았다."

경험이 중요하다.
그리고 자신의 직감을 믿는 것도 중요하다.
언제나 다른 조산사, 의사의 의견을 들은 후
내 의견을 정한다.
산모들이 꼭 읽어봐 주었으면 하는 책은
공용 공간의 책장에 꽂아두었다.

"책을 즐겨 읽지. 다른 전문가가 쓴 육아서도
읽고 소설도 읽어요.
지금 읽고 있는 와타나베 준이치의
《하나우즈미》는 여자는 공부하는 게 아니라는
풍조가 남아 있던 메이지 초기, 의학의 길을
걸었던 한 여성의 이야기예요.
세상에는 참 훌륭한 사람이 많지요."

다나베 시에서 주최하는 엄마아빠교실,
생명의 소중함을 말하는 초등학교 초청 강좌,
지역에서 주최하는 강연. 이런 자리에
나가기 전에는 하고 싶은 이야기를 쭉 적은 후
어떤 이야기를 들려주면 좋을지 미리 정리한다.

수십 년간 매일 빠짐없이 써온 일기. 이것은 3년 전에 쓴 일기다.
그날 있었던 일을 적어둔다.
"자잘한 메모 수준이지. 있었던 일을 그냥 적어두는 거야. 비망록이라고나 할까?
기록도 남고 머릿속이 정리되는 느낌이에요."

언제 출산이 있을지 몰라서 멀리는 못 가지만 가끔 근처 산이나 바다로 드라이브를 간다.
오늘은 다나베 시의 명승지인 덴진자키에 왔다.
"사람은 만조 때 태어나서 간조에 죽지. 사람은 바다에서 왔으니까 말이야."
매일 만조시간을 확인하고 자는 것이 습관이 되었다.
"그 시간에 특히 출산이 많거든."
우리가 사는 이 세상에서 확실한 단 한 가지는 생명이 있는 모든 존재는 언젠가 죽는다는 것.
자연 속을 걷다 보면 새삼 느낀다.

"4,000명 정도 받았지만 지금도 출산할 때는 가슴이 뭉클해요."

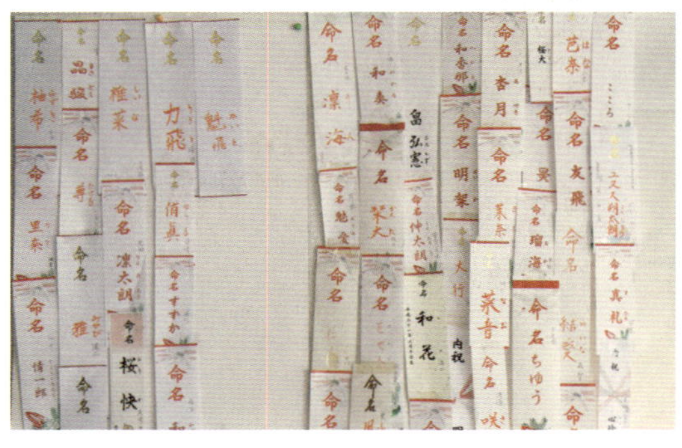

사카모토 조산원에서 태어난 아기들과 작명을 부탁받았던 아기들의 명찰이 즐비하다.

"권태 같은 건 느껴본 적이 없어.
사람마다 얼굴이 다르듯 태어나는 광경도 다 다르거든.
다들 개성이 있어. 나를 필요로 하는 사람이 있으면 언제까지고 계속해야지."

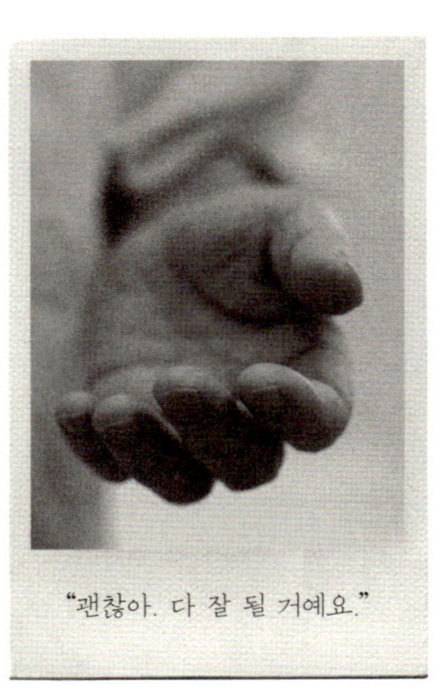

"괜찮아. 다 잘 될 거예요."

아기는 일주일에 1억 년의 진화를 하면서 바깥 세계를 느낍니다.
아기가 "빨리 태어나고 싶은 즐거운 집이다!"라고
느낄 수 있는 환경을 만들어주세요.

제1장

임신임을 알게 되었다면

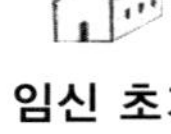

임신 초기

임신과 출산.
난생처음이지만, 그래도 괜찮아.
옛날부터 다들 그렇게 해 왔으니까

요즘에는 임신 테스트기로 양성임을 확인한 후에야 조산원에 오는 사람이 많습니다. 아무래도 산부인과나 조산원에 오는 것이 조금 부담스러운가 봐요. 누가 잡아먹는 게 아니니 절대 겁먹지 마세요!

임신이라는 사실을 알게 된 순간 난생처음 만나는 상황에 엄청난 불안이 찾아올지도 모릅니다. 어쩔 수 없는 일이지만, 호르몬도 그 원인 중 하나이지요 임신하면 난포호르몬 대신 자궁을 지켜주는 황체호르몬이 분비됩니다. 몸을 둥글고 부드럽게 하는 난포호르몬과 달리 황체호르몬은 사람을 까칠하게 만들어요. 그러니 임신 후에 기분이 축 처지고 움츠러든다면 '지금 호르몬이 심술부리는 거야.' 하고 생각하면 돼요.

당신에게만 힘든 일이 아니에요. 동서고금, 누구나 지나온 길이니까요.

임신을 알게 된 날이
곧 육아의 첫날.
초보 엄마의 첫 임무는
즐겁게 생활하기

임신 8주가 된 아기의 크기는 겨우 14mm입니다. '이렇게 작은 존재가 무엇을 알까.'라는 생각은 큰 오산이에요. 아기는 배 속에 있지만 바깥에서 무슨 일이 일어나는지 다 느낍니다. 임신 사실을 알게 된 직후부터 육아가 시작되는 것이지요. '여기는 즐거운 집 같아!' 이렇게 느끼는 것이 아기의 성장 에너지가 됩니다. 반대로 '이 집에 태어나면 좀 피곤할 것 같군.' 하고 느끼면 에너지를 얻지 못해요.

임신 사실을 두 팔 벌려 기뻐하는 사람이 있는가 하면 부모가 된다는 불안, 경제적 걱정으로 주춤하는 사람도 많습니다. 우리 조산원에 오는 젊은 임산부 중에도 남편과 따로 사는 사람, 입덧으로 고생하는 사람 등 임신이 마냥 반갑지 않은 사람을 헤아리자면 끝이 없어요. 하지만 그럴수록 저는 말해요.

"신나는 척 웃고 있으면 점점 즐거워지지만, 우울한 표정 짓고 있으면 평생 즐거울 일이 없을걸."

태아는 배 속에서

일주일에 1억 년이라는

긴 여행을 하고 있습니다

난자와 정자가 결합한 직후 수정란의 크기는 바늘 자국만 합니다. 수정 후 40일이 지나면 겨우 콩 한 쪽 크기가 된답니다. 고등학교의 사춘기 강좌에 초청받으면 아이들에게 생명 탄생의 순간을 알려주려고 바늘 자국과 콩알이 붙어 있는 작은 종이를 준비해 가서 한 사람 한 사람에게 나눠줍니다. '이 콩은 뭐지?' 하며 의아해하던 학생들도 설명을 듣고 나면 표정이 진지해져요.

"인간의 시작은 이렇게나 작단다. 막 태어난 생명은 아주 약해서 조심히, 소중히 다뤄야 해."

인류가 생겨나 지금의 모습이 되기까지 40억 년이 걸렸다고 합니다. 임신부가 아기를 품는 임신 주수는 40주. 배 속의 아기는 40억 년의 진화를 겨우 40주 만에 해내는 것이지요. 일주일에 1억 년씩, 그야말로 우주 규모의 진화이죠. 장대한 에너지가 필요한 일이에요. 장대한 성장 과정을 거치는 아기의 고통이 임신부에게 입덧으로 나타나는 것은 아닐까 생각합니다.

입덧이 심해서
도통 먹을 수가 없다고?
토해도 괜찮으니 일단 먹어요

"입덧에 잘 듣는 약은 없나요?"라는 질문을 종종 받습니다. 안타깝게도 그런 약은 없습니다. 이 시기에는 영양 균형 따지지 말고 먹고 싶은 것을 먹고 싶을 때 먹어주세요. 나중에 토하더라도 일단 먹어두는 것이 좋습니다. 배 속에 토할 음식이 있으면 피를 토하지는 않아도 되니까요. 반대로 무언가 먹지 않으면 속이 울렁거린다는 사람도 있어요. 음식을 잘 먹지 못하는 것보다 이편이 훨씬 낫습니다. 살찔까 걱정되어 일부러 적게 먹으면 배 속의 아기가 기아상태에 빠집니다. 그래서 영양을 취할 수 있을 때 취해 두려는 체질이 되는 거죠. 그런 아이는 당뇨병 발병 확률이 높아집니다. 그래서 우리 조산원에서는 임신 전보다 10~15kg 정도는 체중을 늘리도록 권하고 있어요.

어쨌거나 입덧은 정말 괴롭습니다. 입덧 때문에 괴로울 때는 등의 척추 양쪽을 양손 엄지손가락으로 꾹꾹 지압해주는 것도 좋아요. 남편에게 맥주 한 병 건네면서 "시원하게 한잔하고 마사지해줘~." 하는 건 어떨까요?

임신 초기, 무리는 금물!
감기 걸리지 말고,
몸을 차게 하면 안 됩니다.
방심하다 큰코다쳐요!

이 시기에는 태반이 아직 불안정하고 아기가 작아서 저항력이 약합니다. 그러므로 절대 무리하지 말고 감기 걸리지 말고 몸을 차게 하면 안 돼요! 감기를 예방하려면 사람 많은 곳을 피해야 합니다. 꼭 가야 할 때는 마스크를 쓰고, 외출했다 돌아오면 입을 헹구고 손을 꼼꼼히 씻어야 해요. 너무 당연해서 방심하기 쉽지만 그러다가 귀한 생명을 어이없이 잃을 수도 있습니다. 배가 납작해서 아이가 배 속에 있다는 것이 실감 나지 않겠지만 그럴수록 저는 당연한 잔소리를 입이 닳도록 하게 됩니다.

임신 전 모르고 먹은 약에 대해 걱정하는 임신부도 있습니다. 임신 3주 차까지는 약의 영향을 별로 받지 않아요. 하지만 4~15주는 몸의 기초를 만드는 시기이니만큼 약은 물론, 비타민제도 의사의 처방 없이는 절대 먹지 말아야 해요. 또 임신을 알게 된 순간부터 술을 끊읍시다. 엄마가 무심코 마신 술 한 잔에 아기는 수십만 년을 취해 지낸답니다.

몸을 차게 하지 말라는 말이 젊은 사람들에게는 고리타분하게 들릴지 모릅니다. 하지만 얇게 입고 멋 부린 사람과 이 늙은이의 말을 듣고 따뜻하게 잘 입고 다닌 사람, 어느 쪽이 순산할까요? 당연히 후자이지요. 찬 음식을 많이 먹으면 몸속부터 차가워지니 이 역시 좋지 않습니다. 몸이 차면 왜 안 좋을까요? 몸이 차면 혈액순환이 나빠집니다. 모세혈관까지 합치면 우리 몸에는 지구를 두 바퀴 반 돌 정도로 어마어마하게 긴 혈관이 있는데, 건강한 사람이라면 피가 전신을 한 바퀴 도는 데 23초밖에 걸리지 않습니다. 몸이 차면 피가 잘 돌지 않아서 몸이 약해지지요. 태반을 통해 영양을 공급받는 아기에게 충분히 혈액을 보낼 수가 없습니다.

발 안쪽 복사뼈 맨 위쪽을 출발점으로 삼아 손가락 굵기 세 개만큼 올라간 곳에 삼음교三陰交라는 혈이 있습니다(55쪽 참조). 여성 특유의 병은 대부분 이곳이 차가울 때 생겨납니다. 삼음교는 여성 건강의 원천이지요. 임신 중일 때는 물론, '앞으로 평생 따뜻하게 유지해야 하는 곳'으로 기억해둡시다. 발목을 감싸는 레그 워머 같은 아이템을 보면 저는 참 반가워요. 발이 차가우면 마음이 어수선해지죠. 따뜻한 물로 족욕 하거나 발바닥의 혈을 자극하는 것도 좋은 방법입니다.

손발이 차가워서 괴로울 때 간단히 할 수 있는 림프 마사지를 외워두 세요. 손목에서 팔꿈치, 발목에서 무릎 방향으로 천천히 쓰다듬습니 다. 여러 번 반복해서 쓰다듬은 후 팔꿈치 안쪽, 무릎 안쪽을 엄지로 지그시 눌러주면 혈액순환이 좋아집니다. 부부가 서로 마사지해주다 보면 부부관계도 더 돈독해질 겁니다.

속도위반?
나쁘지 않아요.
불임이 이혼의 원인이
되기도 하는 시대이니까

사귀는 사람은 있지만 경제적인 문제, 주거 문제, 남의 눈 등 여러 가지 이유로 좀처럼 결혼까지 한 발 더 내딛지 못하는 커플이 많습니다. 그러다가 아기가 생기면 결국 결혼을 결심하지요. 속도위반 결혼은 이제 더 이상 흠 잡힐 일이 아닙니다. 나도 임신을 계기로 결혼한 부부를 여럿 보았지만 모두 잘 살고 있어요. 이젠 결혼보다 임신이 먼저인 부부가 더 많은 게 아닐까 싶을 정도예요. 옛날 옛적 이야기이지만 '시집와 3년 안에 아기가 없으면 집을 떠나야 한다.'라며 불임 때문에 이혼 당하던 시절도 있었으니 그에 비하면 속도위반 결혼은 어려운 시험을 미리 통과한 것이나 마찬가지입니다.

속도위반 결혼을 한 부부는 다른 생각하지 말고 아기를 반갑게 맞을 수 있는 환경부터 빨리 꾸려야 합니다. 주변 사람들은 하늘에서 받은 귀한 생명을 보듬기로 선택한 용감한 젊은이들을 응원해주세요.

임신했는데
기쁘지만은 않다고요?
자신과 부모님의 관계를
되돌아보세요

부모님과 사이가 좋지 않은 사람이 의외로 많습니다. 임신을 마냥 기쁘게 받아들이지 못하는 사람의 이야기를 찬찬히 들어보면 부모에 대한 복잡 미묘한 감정이 숨어 있습니다. 저의 경험을 바탕으로 단호히 이야기하자면, '부모에 대해 원망의 마음을 매일 끌어안고 사는 사람에게 내일의 발전은 없다.'라고 말하고 싶습니다. 정말로 그렇습니다.

되는 대로 살겠다고 체념하지 않았나요? 이제는 원망의 마음을 졸업하고 당신만이 할 수 있는 효도를 해보세요. 겉보기만이라도 흉내 내 보는 거예요. 흉내에 지나지 않던 행동이 점점 자연스러워지면 마음속에서도 습관으로 자리 잡습니다. 말처럼 쉽지 않을지 모르나 원망의 마음을 안고 끙끙대는 것보다 당신의 마음을 훨씬 편하게 해줄 겁니다. 앞으로 태어날 새 생명을 위해서라도 원망의 사슬을 끊어버립시다.

재혼해서 임신한 여성에게.
지난 이혼을 헤어진
상대방의 탓으로만 돌리면
앞으로도 크게 다르지 않을 겁니다

요즘 같은 시대, 마음이 안 맞고 서로 힘든데 꾹 참고 살라는 말은 하지 않겠습니다. 그래도 '그 사람이 나빴어.'라며 이혼을 상대방 탓으로만 돌리면 똑같은 상황이 일어날 가능성이 상당히 큽니다. 임신 때마다 다른 남편과 조산원에 오던 여성이 있었어요.

"자네 말이야. 스스로가 바뀌지 않으면 갈수록 좋은 사람 만나기 어려울걸."

제 말이 효과가 있었는지 다음번에 만났을 때 그녀가 말했습니다.

"선생님 말씀 덕분에 이번에는 아직 잘 살고 있어요."

결혼 전까지 살아온 환경이 다르니 부부 사이에 가치관이 다른 것은 당연합니다. 서로의 언동에 대해 잘잘못을 따지거나 꽁해 있지 말고 '큰 문제 없으면 됐지.'라며 서로 봐주며 살아야 합니다. 한발 더 나아가서 '이 사람 덕분에 내가 잘 산다.'라는 생각으로 상대방을 존경하면 자연히 좋은 육아를 할 수 있을 거예요.

아내의 불평에 공감해주는 것이
남편의 일.
이야기를 들어주는데
돈 드는 거 아니잖아요

아빠도 아기 기저귀를 갈고 우유를 먹여야 한다는 풍조가 일반적이 되고 있습니다. 하지만 저는 반대예요. 남편의 일은 아내가 안심하고 임신과 육아에 전념할 수 있게 경제적인 뒷받침을 하는 것. 또 하나의 큰 역할은 아내의 고민에 대해 공감하는 것입니다.

임신 중, 출산 후의 여성은 호르몬 균형이 크게 바뀌어 툭하면 우울해집니다. 아내는 남편에게 대학교수 같은 똑똑한 답변을 구하지 않아요. '응, 그래. 그랬구나. 힘들었겠네.' 하며 이야기를 들어주고 공감해주길 바라는 것이죠. 그 마음을 느끼면 아내는 마음의 안정을 되찾습니다. 아내의 불평불만을 듣고 공감하는 데는 돈 한 푼 들지 않습니다. 차근차근 들어주기만 하면 돼요.

사람의 무기는 '말'.
한 살이라도 젊을 때
말로 마음을 표현하는 법을
연습합시다

젊은 부부가 상담하러 오면 늘 사이좋게 지내라고 조언하지만 정작 나는 어떻게 살았느냐 하면, 60년을 함께 살았어도 쉽지 않네요. 우리 남편은 지금 다리와 언어에 장애가 있어서 2년 전부터 집에서 간호를 받고 있습니다. 말없이 묵직한 데다 키가 커서 든든한 느낌이 좋아 결혼을 결심했지만 키 182cm의 남편을 145cm인 제가 간호하려니 보통 일이 아니더군요. '지금까지 먹여 살리느라 고생했어. 이젠 푹 쉬세요.'라고 말하고 싶지만 그래도 힘든 건 사실입니다.

크게 부부싸움 한 적 없고 부부관계도 딱히 소홀하지 않았으니 옆에서 보면 사이좋은 부부로 보였을지 모릅니다. 하지만 격려의 말은커녕 차분히 대화하는 일도 드물었어요. 간호하는 사람은 그래서 더 힘듭니다. 87세나 되어 옛일을 생각하면 새삼 서운하고 화가 납니다. 나이가 들고 나면 말로 마음을 전하기가 더 어려워요. 부부 사이에 '고마워', '당신 덕분이야'라고 마음을 말로 표현하는 습관, 반드시 젊을 때 들여놓으세요. 그렇게 못한 저는 아직도 수행 중이랍니다.

성이란 삶 그 자체, 본능.
임신 초기라도
부드러운 섹스는 가능해요

섹스는 인간의 본능입니다. 섹스가 줄어들면 나라가 망하죠. 본능이 희박한 나라에 미래는 없습니다. 임신 초기의 섹스에 대해서는 여러 가지 의견이 있지만 임신 5개월까지는 자중해야 한다는 의견이 일반적입니다. 하지만 저는 배 속 아기의 존재를 잊지 않고 여성을 부드럽게 감싸며 하는 섹스라면 임신 초기에도 괜찮다고 봅니다. 과격한 것은 당연히 금물이지요.

저는 섹스를 식사에 곧잘 비유합니다. 이것도 먹고 싶고 저것도 먹고 싶다며 식탐 부리는 듯한 섹스는 임시 초기는 물론이고 중기, 후기에도 몸에 좋지 않아요. 진짜 애정을 담아 간소하게 차린 밥상같이 소박한 섹스를 해야 합니다. 부부관계도 식사도 강렬한 것은 금방 질리게 마련이니까요.

경제적으로 힘들 때에도
임신을 기뻐하는 용감한 남편,
부부를 응원합니다

살다 보면 한두 번은 돈이며 인간관계 때문에 지칠 때가 있지요. 그럴 때 '내 처지는 왜 이렇지?', '다 저놈 때문이야.' 하며 남 탓, 불평만 하는 사람이 있는가 하면 '나한테 주어진 환경 안에서 최선을 다해야지.' 하며 긍정적으로 생각하는 사람이 있습니다. 가장 큰 차이는 자기가 놓인 환경을 받아들이는가 그렇지 못하는가입니다. 자기가 서 있는 자리를 모르는데 어디로 갈 수 있겠어요. 어떤 역경에 처해도 그것을 받아들이는 사람은 앞으로 나갈 수 있지만 현재를 인정하지 못하는 사람은 아무리 시간이 흘러도 제자리걸음이지요.

임신 후 경제적인 걱정이 커지는 부부가 많습니다. 우리 환자 중에 아내가 임신하자 출산 비용을 마련하려고 본업 외에 아르바이트까지 시작한 남편이 있었습니다. 힘든 기색 없이 '영차!' 외치는 듯한 그 모습이 마치 후광이 비치는 듯해서 마음속으로 응원해주었습니다. 이런 가정은 결국 잘 살게 마련입니다.

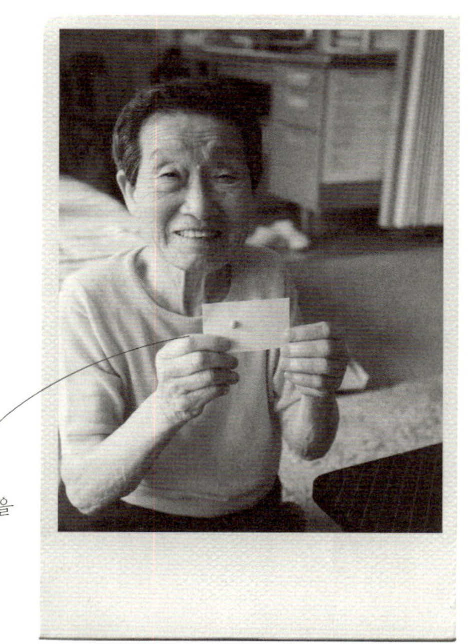

정면에서 보아 오른쪽에 있는 바늘구멍은 수정란의 크기.
왼쪽의 콩은 수정 후 40일 된 생명의 크기이다.
"우리는 2억 개 정자 중 일등이야."
이야기를 듣는 학생들의 표정이 진지해진다.

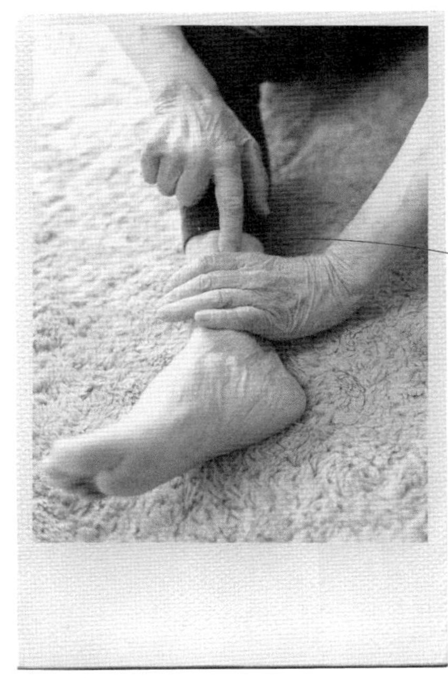

발 안쪽 복사뼈 바로 위에서
손가락 네 개 굵기만큼 올라간 곳에 삼음교가 있다.
이 혈을 항상 따뜻하게 유지하면
조산사 할머니처럼 '87세에 매끈매끈한 발'을 가질 수 있다.

순한 아이를 낳고 싶다면
임신 기간 동안 활력 있고 규칙적인 생활을 할 것.
밤낮이 뒤바뀐 불규칙한 생활을 하면
아기의 체내 시계가 자라지 못한답니다.

안정기에 접어들었다면

임신 중기~후기

입덧은
식생활을 재정비하라는 신호.
인간의 몸이란
이렇게나 절묘하답니다

입덧이 끝날 즈음 태반이 완성되어 임신 안정기에 접어듭니다. 입덧은 지금까지의 식생활, 즉 먹고 싶을 때 내키는 만큼 먹던 마구잡이 식생활을 졸업하고 재정비하라는 신호예요. 임신 중 체중 증가에 대해 경계하는 의사도 있지만 저는 그 반대입니다. 언제나 10~15kg은 찌우도록 권합니다. 겨우 아기를 낳을 수 있을 정도의 마른 몸으로는 마음이 각박해져서 너그러운 육아를 하기에 부족하기 때문이죠.

배 속의 아기는 이른바 '이기적인 직원'입니다. 회사가 망하든 말든 전혀 신경 쓰지 않고 자기 월급만큼은 챙겨가려는 존재죠. 엄마 몸이 힘든 것은 생각할 줄 모르고 자기에게 필요한 영양을 악착같이 취합니다. 사람들은 잘 모르지만 마른 체형의 임산부는 의외로 튼실한 아기를 낳고 통통한 체형의 임산부는 작은 아기를 낳습니다. 임신기간 동안 살찔까 봐 적게 먹으면 엄마 몸속의 영양이 부족한 것을 알고 아기가 더 악착같이 영양을 취하려 하기 때문입니다. 그런 경향이 계속 아기 몸에 남아서 나중에 커서 당뇨병에 걸릴 확률이 높아집니다.

순한 아기를 낳기 원한다면

엄마가 밝은 마음으로

지내야 해요

특별한 문제가 없다면 임신은 병이 아니기 때문에 임신 전과 똑같이 '보통의 생활'을 하면 됩니다. 보통의 생활이란 적당히 일하고 운동하며 세 끼 밥을 챙겨 먹는 규칙적인 생활을 말합니다. 부부끼리 사는 집이 많다 보니 아침에 출근하는 남편을 배웅하고 나서 또 누워 자다가 오후에 겨우 눈 떠서 과자 몇 개로 대충 밥을 때우는 사람이 많습니다. 이렇게 살다 보면 곧 있을 출산, 육아와 같이 힘든 일에 대비할 수 없어요. 규칙적인 생활로 건강한 몸을 만들어야 합니다. 게다가 언제가 아침이고 언제가 밤인지 알 수 없는 불규칙한 생활을 하면 아기의 체내 시계도 자라지 못합니다.

순한 아기를 낳고 싶다면 엄마가 솔선수범해서 규칙적으로 생활하고 밝은 성격의 아기를 원하면 엄마부터 활기찬 임신생활을 해야 합니다. 배 속에 아기가 생긴 순간부터 육아는 이미 시작되었습니다. 어떻게 해야 더 웃고 즐길 수 있을지 지금 당장 고민해보세요.

역아이더라도 걱정말아요.
8개월까지는 괜찮아요.
유난히 아기가 잘 돌면
천과 수건으로 고정해보세요

아기가 거꾸로 선 역아(둔위)*이더라도 임신 8개월 차가 끝나갈 때까지는 대개 돌아서 바른 자리를 잡습니다. 검진 때마다 계속 역아 상태라면 아기의 등이 위쪽으로 가게 해서 자는 게 좋습니다. 가끔 굉장히 잘 도는 아기가 있는데 이런 아이는 두위였다가 둔위였다가 몇 번이나 방향을 바꿉니다. 그럴 때는 아기가 두위가 되었을 때 수건으로 하루 정도 고정해서 그대로 자리 잡게 합니다(74쪽 참조).

인류의 수만큼 많은 임신과 출산이 있었습니다. 그만큼 자연스러운 일이고, 의료기술이 뛰어난 요즘 시대에 출산하다 죽을 일은 거의 없다고 볼 수 있지요. 불안해할수록 몸이 움츠러들어요. 마음 편히 지내면 다 잘 될 겁니다. 출산은 조산사의 것도, 의사의 것도 아니며 엄마와 아기의 것이에요. 지금 필요한 것은 '할 수 있다'라는 강한 의지뿐! 그 마음이 아기에게도 분명 전해질 거예요.

* **역아(둔위)** 아기의 머리가 골반 쪽을 향하지 않고 위로 향해 있는 상태. 양수 속에서 몸을 자유롭게 움직이던 태아는 임신 후기가 되면 머리를 아래로 한 두위 자세를 취하는데, 그 반대의 경우가 역아, 또는 둔위이다.

임신중독증을 예방하려면

임신 후기 식생활을

조절하세요

임신 후기, 가장 무서운 것이 임신중독증(임신고혈압증후군)이지요. 이는 아기를 엄마 몸속에 들어온 이물질처럼 감지해서 배제하려는 증상으로, 신장과 혈관에 문제가 생깁니다. 임신하면 신장은 엄마와 아기, 두 사람분의 노폐물을 처리해야 하는데 임신 중에는 신장의 기능이 떨어지는 것이 보통이에요. 그러므로 식사를 잘 조절해야 합니다.

소금기를 줄이고 간을 약하게 하는 것은 물론, 화학조미료 속 글루탐산나트륨(MSG)은 혈압을 높이는 작용을 하므로 주의해야 해요. 외식이나 완전 조리된 반찬은 맛을 내기 위해 글루탐산나트륨을 많이 넣습니다. 저는 화학조미료를 피하고 자연적인 감칠맛을 내기 위해 멸치와 다시마를 짙게 우려낸 육수를 항상 마련해둡니다. 물 500cc에 10cm 다시마 2장, 큰 멸치 5~6마리를 넣어 끓인 후 식혀서 냉장고에 보관해요. 이 육수가 화학조미료보다 훨씬 맛이 좋습니다.

염분뿐만 아니라 수분의 과다섭취도 조심해야 합니다. 물은 한 번에 많이 마시지 말고 조금씩 마시고 총 섭취량도 줄여야 합니다. 영양도 철저히 관리해야 하는데 임신 후기에 접어든 산모는 이전보다 밥, 면, 빵, 케이크 등 탄수화물 섭취를 줄여야 해요. 우리는 탄수화물에서 활동 에너지를 얻는데 임신 후기에는 배가 무거워서 이전보다 활동량이 확연히 줄어들죠. 그러므로 예전만큼 탄수화물이 필요 없습니다. 한 끼 밥 양은 작은 밥그릇 하나를 넘기지 않는 것이 좋아요. 탄수화물을 너무 많이 섭취하는 것은 불꽃이 희미하게 남은 화덕에 계속해서 새로운 장작을 넣는 것과 같아요. 장작이 불완전 연소하듯 불필요한 영양분이 임신중독증을 일으키는 것입니다.

임신중독증은 초산일수록 증상이 심하고, 임신 10개월 초까지 아무 문제없던 사람도 조금만 방심하면 손바닥 뒤집듯 위독해질 수 있습니다. 임신 기간 중에 계속 일하다가 출산휴가 직전 송별회에서 딱 한 번 과식했던 여성이 임신중독증에 걸렸던 예도 있으니까요.

저는 항상 강조합니다.

"애만 나오면 먹고 싶은 거 다 먹여줄 테니 지금은 아기의 목숨, 산모의 목숨만 생각하며 참도록 해."

달달한 팥 앙금, 사탕처럼 탄수화물이 들어 있지 않은 음식에는 잔소리하지 않습니다. 아기의 뇌에 영양분이 되므로 지나치지 않을 정도로만 먹으면 됩니다. 저는 밥과 장아찌 조금만 있어도 한 끼 식사로 충분하지만 임신 후기의 임부는 절대 이렇게 먹으면 안 됩니다. 채소는 물론, 몸을 키우는 데 꼭 필요한 단백질, 칼슘도 균형 있게 먹도록 합시다.

'예정은 미정'
아기는 자기가 태어날 때를 압니다.
예정일을 넘겨도
너무 조마조마해 하지 마세요

엄마 배 속은 아기에게 도원향입니다. 그 포근한 공간에서 아기는 하루에 1,400만 년에 해당하는 진화를 계속하죠. 우리 업계에는 '예정은 미정'이라는 말이 있어요. 예정일은 하나의 기준에 지나지 않으며 아기가 언제 나올지는 아무도 알 수 없다는 말입니다.

아기가 좀처럼 밖으로 나오려 하지 않는 것은 엄마 배 속이 편하다는 증거예요. 옛말에 '예정일보다 늦어지는 출산은 걱정 없다.'라는 말이 있습니다. 아기는 우리가 아는 것보다 똑똑해서 뭔가 문제가 있으면 서둘러 빨리 나오려 합니다. 예정일보다 늦어진다는 것은 아기도 엄마도 편안한 상태라는 뜻입니다. 아기는 배 속에서 열심히 뇌를 키우고 몸을 성숙시키다가 '빛나는 인생을 살아보자!'라는 생각이 든 순간, 진통이라는 신호를 보내옵니다. 예정일 전후 2주간을 정상 출산 기간으로 보므로 예정일을 좀 넘기더라도 조마조마해 하지 말고 느긋하게 아기의 신호를 기다려주세요.

혼자서 출산이 임박했는지 알아보는 방법을 소개할게요. 욕조에 앉아서 아랫도리에 손을 대봅니다. 아직 때가 아니라면 그곳이 메마른 듯 느껴지고 출산 준비가 끝났다면 말랑말랑 부드러운 느낌이 들 겁니다. 마음이 느긋한 사람은 순산하고 무엇이든 일정대로 해야 직성이 풀리는 사람, 통증을 특히 두렵다고 느끼는 사람은 출산이 힘들어지기 쉽습니다. '진통이 언제 오려나? 얼마나 아플까?' 하는 걱정은 접고 자연스럽게 힘을 빼고 기다립시다.

덧붙이자면 친정에 가 있는 사람일수록 출산이 늦어지는 편인데, '아내'이던 마음가짐이 '딸'로 돌아왔기 때문입니다. 출산이 늦어져서 걱정이라면 부부관계를 갖는 것도 도움이 될 수 있답니다.

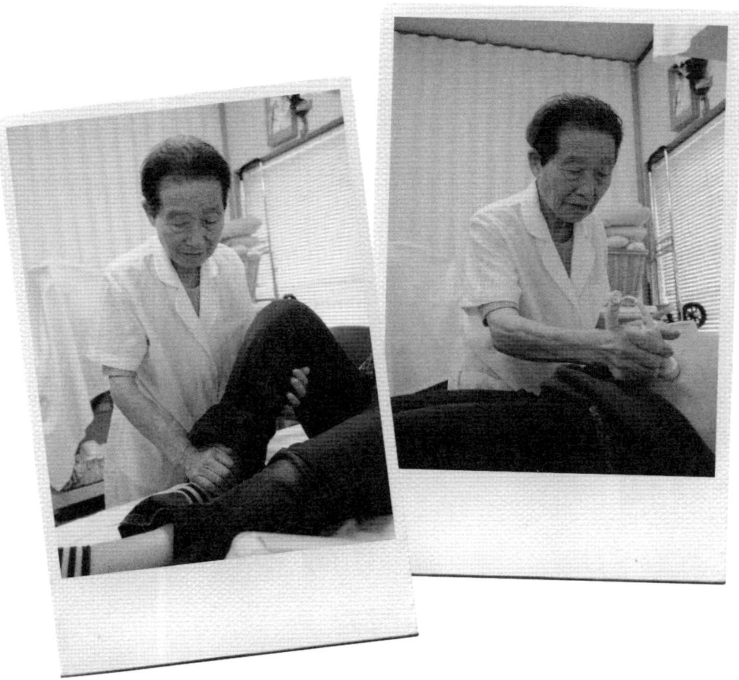

구석구석 꼼꼼히 체크한다

9개월에 접어들면

항문이 바닥과

수직이 되게 앉으세요

임신 9개월째에 접어들면 아기 머리가 골반에 수직이 되도록 하는 자세로 앉아야 출산이 수월합니다. 자세가 흐트러지거나 등이 굽지 않도록 하고 항문이 바닥과 수직이 되도록 의식해서 앉아야 합니다. 의자나 소파에 앉을 때 털썩 걸쳐 앉지 말고 등을 곧게 세우세요. 바닥에 앉을 때는 정좌나 양반다리로 앉습니다. 방석을 반으로 접어서 엉덩이를 받치면 자세가 한결 수월해집니다.

한창 출산이 진행 중일 때 '좀 더 나와도 되는데…….' 싶을 때가 있습니다. 그럴 때는 아기 머리가 일그러져서 골반에 들어가 있을 가능성이 높으므로 다시 자세를 잡도록 합니다. 임신부의 등을 바닥에 대고 눕게 해서 엉덩이를 높이 들어 올린 자세로 약 20분간 5회의 진통을 견디게 합니다. 그러면 아기 머리가 일단 골반에서 떨어지는데, 이때 수직으로 고쳐 앉아서 아기 머리가 똑바로 돌아오면 출산이 순조롭게 진행됩니다.

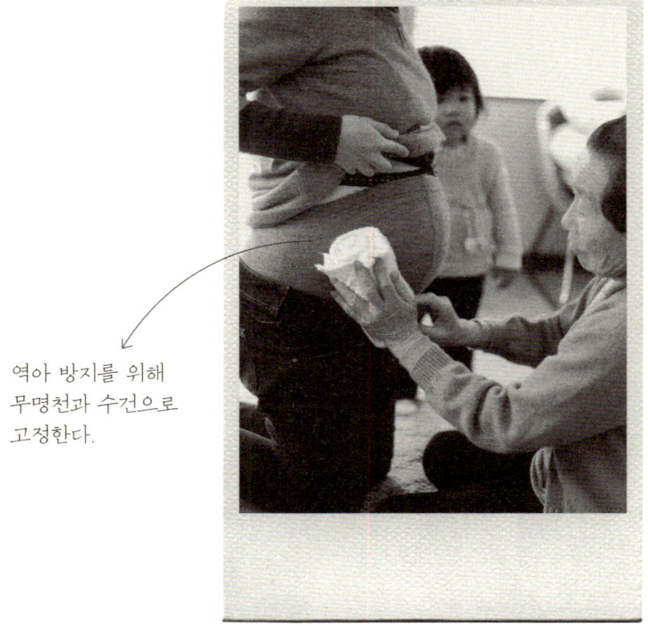

역아와 두위가 반복될 때는
아기 등의 반대쪽에 둥글게 만 수건을 사진처럼 대고
무명천을 둘러서 고정한다.
1~2일이 지나면 아기가 두위로 자리 잡을 수 있다.

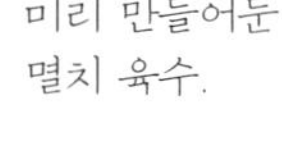

멸치와 다시마를 짙게 우려낸 육수만 있으면
무슨 음식이든 뚝딱 만들 수 있다.
달걀과 육수를 1:1로 넣어 풀고 익힌 채소를 잘게 썰어 넣은 후
간장과 설탕으로 맛을 낸 달걀 프라이는 사카모토 조산원의 단골 메뉴.

출산은 오래전부터 반복되던
지극히 자연스러운 일입니다.
안심하세요.
무서워할 것 없어요.
아기의 힘을 믿고 기다려보세요.

제3장

출산의 징후가 보인다면

출산

천천히 나오는 것은 병이 아니에요.
아기의 엔진에
시동이 걸리기를 기다려줍시다

신속한 출산보다 아기 몸에 부담이 가지 않는 출산이 좋은 출산입니다. 천천히 태어날수록 아기에게는 좋습니다. 몇 겹으로 꽁꽁 쌓인 성 같은 자궁과 바깥세상은 완전히 다르죠. 놀이터의 미끄럼틀을 타고 내려오는 듯한 출산과 롤러코스터같이 급강하하는 출산, 어느 쪽이 아기에게 덜 부담일까요?

너무 빨라서 우왕좌왕하는 사이 태어난 아기가 좀처럼 울지 않는 경우가 가끔 있습니다. 그런 아기를 만나면 '놀랐지? 무서웠구나.' 하면서 꼭 안고 달래줍니다. 그러면 점점 아기가 안정을 찾아요. 아기가 본래 지닌 기질에 따라 출산의 모습이 달라지기도 합니다. 기세 좋게 양수부터 터트리고 보는 아기가 있는가 하면 느긋하고 우아하게 나오는 아기도 있습니다. 병원에서는 느린 출산을 '미약 진통'이라고 하며 우려스러운 일로 보지만 대부분의 경우는 아기가 서두르지 않는 것이 원인입니다.

제가 겪었던 느린 출산 중에 잊을 수 없는 아기가 있는데, 유독 오래 걸려 나온 아기의 탯줄이 느슨하게 매듭지어져 있었어요. 만약 출산 속도가 빨랐다면 도중에 탯줄이 꽉 매여서 아기는 배 속에서 이미 세상을 떴을 겁니다. 아기는 현명하게도 매듭이 조여지지 않도록 자기 가슴에 소중하게 안고 천천히 나온 거지요. 아기는 자기가 살아날 방법을 알고 있습니다.

느린 출산의 이유는 아기마다 다르지만 아무리 엄마 속을 애태우던 아기도 준비가 끝나면 엔진에 시동을 겁니다. 그러므로 우리들, 조산사는 이 시동 소리를 기쁜 마음으로 기다립니다. 저는 아기의 본능을 완전히 믿고 있습니다. 진통이나 출산이 늦다는 이유로 스트레스 받거나 불안해할 필요가 전혀 없다는 겁니다.

엄마 때문에 출산이 늦어지는 경우도 있습니다. 얼마 전, 아기가 아래로 내려와서 좀 더 진행될 만한데도 좀처럼 진통이 오지 않는 임산부가 있었습니다. 임산부의 마음 깊은 곳에 출산에 대한 두려움이 있었기 때문이었죠. 아기는 나올 준비를 마쳤는데 출산과 진통을 두려워하는 엄마의 마음이 진통을 막은 것입니다. 누구나 출산을 두려워합니다. 저도 마찬가지고요. 그렇다고 그냥 멈춰 서면 이어지는 행복을 누릴 수 없습니다. 두려워 말고 즐거운 마음으로 기다려줍시다. 생각해보면 배가 아픈 경우, '다행'이라고 생각되는 건 출산의 진통뿐이니 말입니다.

출산은 인생의 시작,
고통의 순간을 이겨낸 경험이
삶의 자신감이 됩니다

아무도 도와줄 수 없는 것이 출산. 그 고통의 순간을 넘어섰을 때, 아기는 큰 자신감을 얻습니다.

"내가 해냈어!"

죽음만큼의 고통을 겪으며 태어나는 데는 나름의 의미가 있지 않을까요? 아기에게는 이 순간을 넘어선 기억이 나중에 인생의 벽에 부딪혔을 때 '탄생의 순간도 이겨냈는데 이 정도에 주저앉으면 안 되지!' 하며 일어설 수 있는 자신감이 됩니다.

조산사 대선배가 자기 경험을 들려준 적이 있습니다. 그녀가 어렸을 때 매미가 힘겹게 부화하는 모습을 보고 불쌍하다 생각해서 도와주었는데, 매미는 곧 죽고 말았다고 합니다. 몇 번이나 그러는 것을 보다 못한 어머니가 말씀하시길,

"생명 있는 것에는 각기 살아가는 과정이 있단다. 그 과정을 스스로 통과하지 못하면 결국은 살아남지 못하지."

모든 출산의 모습은 다릅니다. 그 순간의 감정, 정신상태가 그대로 출산에 반영되기 때문이지요. 한 부부에게서 7~8명의 아기가 태어나도 어느 하나 같은 모습으로 나오지 않습니다. 그래서 조산사는 임산부의 마음에 집중합니다. 같이 온 남편도 자연스럽게 집중하게 됩니다. 임산부에게 철저히 집중하고 귀 기울이는 자세가 임산부의 부담을 덜어주어서인지 한 번 조산원에서 출산하면 다음에도 조산원에 오고 싶어 하는 사람이 많습니다.

물론 아기가 위험해서 자연분만을 하지 못하는 경우도 있어요. 자연분만하지 못했더라도 실망할 필요는 없습니다. 인간에게는 만회할 줄 아는 능력이 있으니까요. 가장 중요한 것은 부모가 출산의 과정을 이해하는 것입니다. 그리고 아기가 자란 후 '네가 태어날 때 말이야……' 하며 출산의 현장을 아기에게 진중하게 이야기해주는 것이 필요합니다.

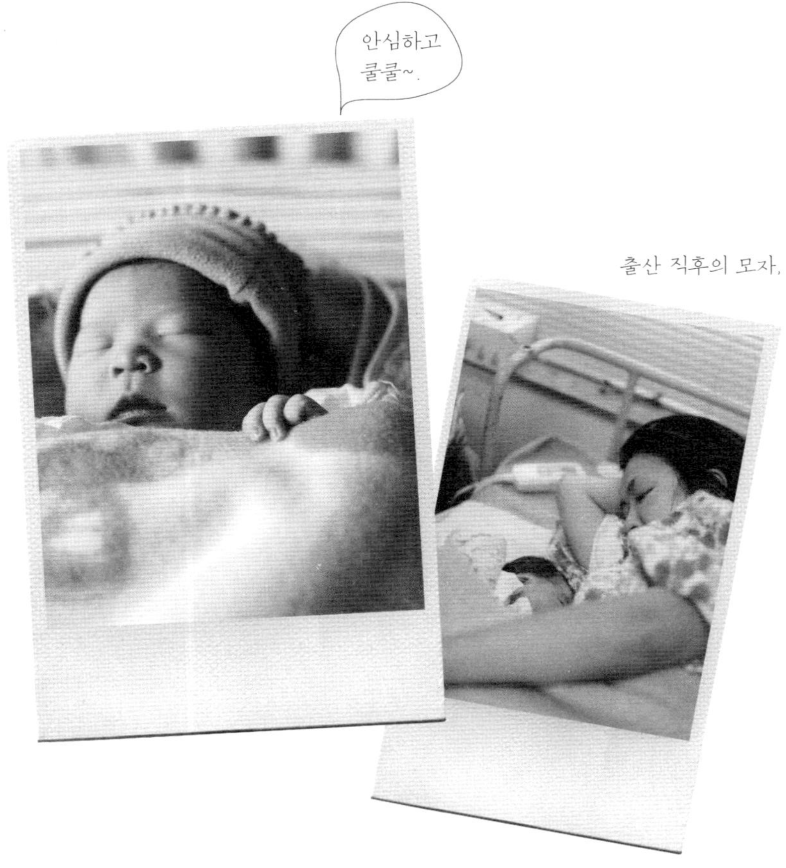

출산 직후의 모자.

신기함으로 가득한 출산.
머리로 되는 것이 아닙니다.
자연의 힘을 믿으세요

수없이 보아도 탄생의 순간은 여전히 경이롭습니다. 66년간 출산의 현장에 있으면서 4,000여 명의 아기를 받았지만 똑같은 출산은 한 번도 보지 못했어요. 똑같은 삶의 모습이 없는 것과 마찬가지겠지요.

출산의 주도권은 누구에게 있을까요? 조산사도, 산모도 아닌 아기에게 있다고 생각합니다. 인간의 몸에는 60조 개의 세포가 있다고 합니다. 그중 140억 개가 뇌세포입니다. 아기들은 이 중 하나도 잃지 않고 건강하게 태어나려고 최선을 다하죠. 임신 기간 동안 아기 폐의 4,500만 개에 달하는 폐포에는 물이 꽉 차 있습니다. 그러다가 10개월째에 물이 반쯤만 남고 산도에서 끙끙대는 동안 물이 점점 빠져나가서 갓 태어나는 순간에는 텅 비워집니다. 그리고 '응애!' 하는 큰 울음으로 텅 빈 폐포 가득 공기를 들이마시는 것이죠.

산도를 통과하는 순간, 아기는 또 한 가지 큰일을 합니다. 자기 머리를 엄마의 골반에 맞추는 것입니다. 골반 입구는 가로로 길고 출구는 세로로 깁니다. 이곳을 빠져나오기 위해 아기는 혼자 회전을 하고 머리의 가장 큰 부분이 골반을 지나올 때 머리뼈의 이음매를 겹치게 모아서 머리 크기를 줄입니다. 그 순간 잠시 아기는 죽었다가 빛나는 세상으로 태어나는 것이 아닐까 하고, 저는 늘 생각합니다.

출산은 인간의 손이 닿지 않는 신의 영역. 신의 영역에 대해 인간이 너무 깊게 생각하면 시작도 없고 끝도 나지 않아요. 우리가 할 수 있는 것은 자연의 힘, 아기의 힘을 믿는 것뿐이죠. 그리고 태어나는 아기에게 최고의 환경을 준비해주는 것입니다.

몸 밖으로 나왔지만
엄마와 아기는 이어져 있다.

조산원 출산에는
아빠의 역할이 있습니다.
출산을 어렵게만 느끼던 아빠도
어느새 본능에 따라 움직이게 됩니다

60년 전, 그때는 누구나 가정분만을 했습니다. 아빠는 자전거를 타고 산파를 부르러 가고 할아버지가 장작을 지펴 물을 끓이는 동안 할머니는 아이들과 임신부를 격려했죠. 온 가족이 함께 출산을 겪으면서 가족의 끈이 더욱 강해졌습니다. 하지만 미국의 영향으로 출산 장소가 가정에서 병원으로 바뀌었고 이제는 대부분 병원에서 출산을 합니다. 또 아이를 하나 혹은 둘밖에 낳지 않으니 한 번 낳을 때 높은 의료기술의 혜택을 받을 수 있는 종합병원으로 가려는 사람이 늘면서 가족의 끈은 점점 희미해지고 있습니다.

그 가운데, 가족이 함께 분만실에 들어가는 병원도 늘었습니다. 그런 경향 자체는 좋지만 아빠나 가족들은 멀뚱히 구경하는 이름뿐인 가족분만이 아니라, 진짜 부부가 함께 겪는 출산을 하면 좋겠습니다. 조산원의 가족분만에는 아빠의 역할이 따로 있습니다. 처음에는 소극적이던 남편도 분만실에 같이 있다 보면 부지런히 움직이기 시작합니다.

아내의 땀을 닦아주고 물을 먹이는가 하면 아내의 몸을 마사지하기도 합니다. 조산사들도 이런저런 일을 시키지만 그보다 앞서 자연스레 몸이 움직이는 모양입니다. 그런 장면을 볼 때마다 저는 '역시 본능이다.'라고 느낍니다.

출산의 고통을 모르면 자기 자식이라 해도 씨만 뿌렸을 뿐, 아빠로서의 자각이 희박합니다. 하지만 함께 출산의 과정을 지나 얻은 아이는 훨씬 사랑스럽게 느껴지기 마련입니다. 무사히 아기가 태어나는 순간, 아무리 강인한 아빠도 눈물을 흘립니다. 개중에는 엉엉 소리 내어 우는 사람도 있지요. 분만실은 눈물바다가 되기도 합니다.

평생토록 잊을 수 없는 첫 만남.

출산은 일생일대의 이벤트,

아기가 태어나는

이 순간을 놓치지 마세요

저는 조산원 출산을 원해서 처음 이곳에 오는 임신부에게는 꼭 '남편이랑 사이는 좋아요? 부모님과는 어때요?' 하고 물어봅니다. 부모님께 조산원 출산을 숨기거나 남편이 반대하는데 아내가 밀어붙여서 조산원 출산을 하면 이상하게도 출산이 순조롭지 않습니다. 이야기를 들어보고 상황이 심각하면 그냥 돌려보내기도 하지요. 옛 선조들이 그러했듯, 저는 온 가족이 함께 출산을 경험했으면 합니다. 출산을 통해 가족관계를 되돌아보았으면 하는 바람이죠. 그 바람을 이루기 위해 이 일을 계속하고 있다고 해도 좋을 정도입니다.

그런데 많은 남성이 가정보다 일을 우선시해서 출산에 비협조적입니다. 부모가 죽으면 아무리 갑작스럽더라도 일주일 휴가를 씁니다. 아기가 태어났을 때도, 진통에서 출산까지, 아빠가 당당하게 휴가를 쓰고 산모 옆에 있을 수 있도록 사회 구조가 바뀌어야 합니다. 그렇지 않으면 가정폭력, 아동학대 같은 슬픈 일이 사라지지 않을 거라고 생각합니다.

출산 직후 두 시간,

남편은 절대로

아내의 곁을 떠나서는 안 됩니다

아기가 태어나면 그전까지 산모 중심이던 것이 모두 아기 중심으로, 방 안의 공기가 확 바뀝니다. 할아버지, 할머니, 온 가족이 아기를 둘러싸고 코는 누구를 닮았다느니, 귀는 누구라느니 신나서 이야기를 하죠. 그럴 때도 남편만은 아내 곁을 지켜야 합니다.

"힘들었지. 나 같았으면 못 해냈을 거야. 정말 대단해."
아낌없는 위로의 말을 해주세요. 진짜 가족분만은 아기를 낳았다고 끝이 아니에요. 저는 항상 아기 아빠에게 '출산 직후 두 시간 동안은 무슨 일이 있을지 모르니 옆에 꼭 붙어 있어요.'라고 귀에 딱지가 앉을 정도로 말합니다. 위로의 말이 부부간 신뢰를 쌓는 데 얼마나 도움이 되는지 모릅니다. 섹스는 본능이지만 위로의 말은 본능이 아닌지라 상당한 노력이 필요합니다. 아내의 불평을 들어주기에 인색한 남성, 격려의 말 한마디 잘 못하는 남편이라면 앞으로 길고 긴 부부생활을 위해서라도 젊을 때부터 연습해둡시다.

출산 후 태반을 보고
산모의 건강을
예측할 수 있습니다

아기가 밖으로 나오면 출산이 끝났다고 생각하기 쉽지만 아직 태반을 꺼내는 일이 남아 있습니다. 10개월간 아기를 잘 키워줬던 태반이 밖에 나와야 비로소 출산이 끝납니다. 탯줄은 몸 밖으로 나와서도 잠시 동안 맥이 뛰는데 그 박동이 멎어야 태반이 제 할 일을 다 했다고 봅니다. 조산원에서는 탯줄의 박동이 멎기를 기다려서 탯줄을 자릅니다.

태반을 보면 산모의 건강상태를 예측해볼 수 있습니다. 그래서 우리 조산원에서는 산모에게 태반을 보여줍니다. 따뜻하고도 말랑말랑한 촉감이 이상해서 모두 깜짝 놀라지요. 태반이 굳은 곳 없이 깨끗하면 다음 아기를 가져도 괜찮다고 보고, 태반에 이상이 있으면 산모의 건강부터 챙겨야 합니다.

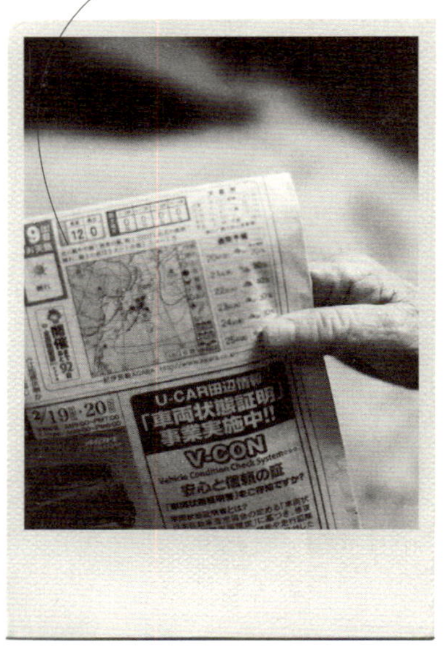

출산 예정이 있을 때는 신문에서 만조시간을 체크한다.
사람이 바다에서 왔기 때문일까.
만조시간에 출산이 많다.
어머니인 바다를 보면 가슴이 두근거린다.

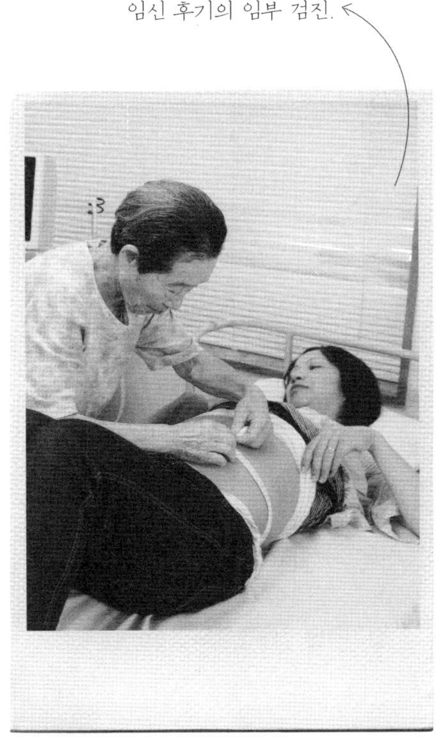

손발 저림, 빈혈 등 임신 후기 증상의 공통 원인은 칼슘 부족.
임신 기간 중에는 매일 200cc의 우유를 마시도록 한다.
생선, 채소 속 칼슘은 저축용,
우유 속 칼슘은 매일 사용하는 분량이다.

갓 태어난 작은 존재 앞에 어찌할 바를 모르는 엄마들이 많아요.

그러나 걱정할 것 없어요.

아기와 함께 엄마도 성장하게 되어 있거든요.

갓난아기와 생활하기

산욕기

출산 직후는
‘이렇게나 작은 아기를 어떻게 키우지?’
하며 걱정이 앞섭니다.
하지만 괜찮아요.
우리 조산사들이 도울게요

처음부터 능숙한 엄마는 없습니다. 우리 조산원의 산모들도 '이렇게나 작은 걸 어떻게 키워요!' 하며 어찌할 줄 모릅니다. 하지만 왕초보 엄마도 조산원에서 생활해보면 자신감이 생길 거예요. 이곳에서는 조산사들이 옆에서 갓난아기 대하는 법을 꼼꼼히 알려줍니다. 출산은 보통 일이 아닌지라 들뜬 기분을 가라앉히고 퇴원하기까지 5일이 걸리는 사람도 있는데, 우리는 퇴원을 졸업이라 부릅니다.

흔히들 '모성본능'이라 말하지만, 사실 본능이라기보다 경험 속에 생기는 것이지요. 귀한 공주님처럼 자라온 현대의 여성에게는 진정한 의미의 모성본능은 찾아보기 어렵습니다. 아기를 낳고 아기가 사랑스럽게 느껴지는 순간 비로소 모성본능이 쑥 자라납니다. 그러므로 아기를 사랑스럽다고 느낄 수 있는 환경이 중요해요. 어디에 입원하더라도 우리 조산사들이 도울 테니 안심하고 배워가세요.

출산 직후 3일,
젖이 안 나오는 시기에도
아기를 배불리 먹여주세요.
효자로 키우고 싶다면
만족감을 알게 해주는 게 중요해요

사람은 인생의 시기별로 다른 것을 배웁니다. 제 시기에 배우면 간단한 것도 때를 놓치면 엄청난 시간과 공을 들여야 한다는 뜻이지요. 출산 직후 3일은 신생아 예민기로 인간이 가진 원시운동이 가장 번뜩이는 시기이며 '나는 소중한 존재'라는 자존감을 길러주기 가장 좋은 때입니다. 태어난 지 겨우 3일밖에 안 되었는데 뭘 알까 싶겠지만 얕보면 안 된답니다. 믿음을 갖고 순수한 마음으로 아기를 대하면 아기도 그 마음을 알아줄 거예요.

출산 직후 3일간은 아직 젖이 나오지 않죠. 옛날에는 오향˙이라는 것을 집에 준비해두고 젖이 나오기 전에 대신 먹였다고 해요. 이 시기에 만복감, 만족감을 느끼게 해주어야 합니다. 저는 산모가 젖이 나오기 전까지 끓인 물에 연하게 분유를 타서 먹입니다(끓인 물 50cc, 분유 1 큰술). 그러다 젖이 나오면 물에 탄 분유는 맛있게 느껴지지 않을 테니 젖을 싫어하면 어쩌나 걱정할 필요가 없고 신장에 부담도 가지 않습니

˙ **오향**五香   중국에서는 아이가 갓 태어나면 젖을 먹이기 전에 오향이라 해서 다섯 가지 맛을 먼저 보여준다고 한다. 첫 번째는 식초 한 방울, 두 번째는 소금, 세 번째는 씀바귀의 흰 즙, 네 번째는 혀끝을 가시로 찌르고, 마지막으로 사탕을 핥아 먹게 했다.

다. 이 3일간 아기가 배고픔을 느끼면 나중에 아기의 성격 형성에 악영향을 미칩니다. 효자, 효녀로 키우고 싶다면 아기를 만족시켜주세요. 기분 좋은 포만감이 부모를 향한 감사의 마음이 되고 자존감의 토대가 됩니다.

1세 아기를 키울 때는 하나만 생각하세요. 주고 또 줄 것. 도덕관념 따위 없는 시기이니 주는 족족 잘 받아들일 거예요. 젖이 나오기 시작하면 토할 만큼 먹여주세요.

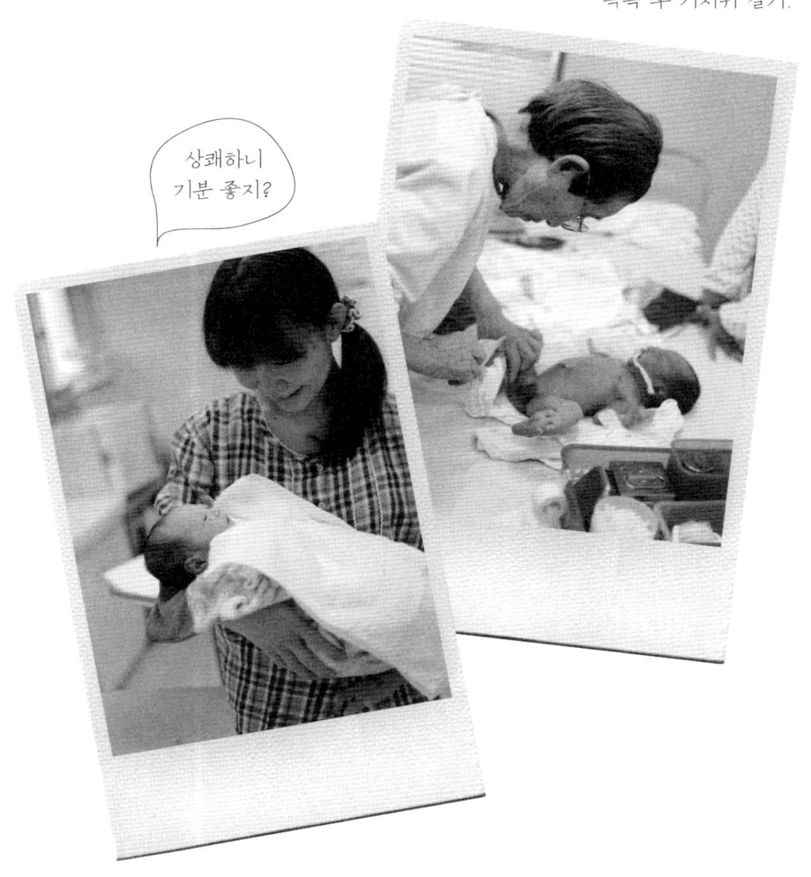

목욕 후 기저귀 갈기.

세상에 태어나서 처음하는
대변 배설이
먹는 것보다 더 중요해요

아기는 엄마 배 속에 있는 동안 양수 속에서 소변을 보고 그것을 다시 마십니다. 반면 대변은 세상으로 나오고 나서 처음 내보냅니다. 갓 태어난 아기에게 분유를 먹이면 만복감을 주는 것과 동시에 배설을 촉진할 수 있습니다.

호흡도 배설도 '내보내기'가 먼저입니다. 아기에게 만족감을 주는 수유만큼이나 배설도 신경 써야 합니다. 우선 수분을 섭취하게 해서 10개월 동안 쌓은 변을 시원하게 배설하면 엄마 젖을 빨아들일 준비가 끝납니다. 그래서 조산원에서는 갓 태어난 아기에게 하루 100cc 정도 끓인 물을 먹이고 있습니다.

여기저기 몸이 아프거든

몸을 좌우로 비트는

'비틀비틀 체조'를 해보세요

조산원에서 출산한 산모는 보통 출산 다음 날부터 팔팔하게 걸어 다닙니다. 자세히 보지 않으면 축하해주러 온 친구처럼 보일 정도지요. 병원에서 출산한 경험이 있는 사람은 '진짜 어제 출산한 사람 맞아요?' 하고 놀라기도 합니다.

조산원에서 출산하면 회음부를 절개하지 않습니다. 하지만 생각지도 않은 부분이 아프기도 하죠. 그래서 산모들에게 일명 '비틀비틀 체조'를 가르쳐줍니다. 동작은 아주 간단해요. 이불 위에 누워서 아픈 부분이 움직이도록 마구 비트는 거예요. 이상한 자세 때문에 남편이 옆에서 보고 깜짝 놀랄 수도 있지만요. 아픈 부위를 아프다며 감싸고만 있으면 점점 상태가 나빠진답니다. 염좌나 골절은 예외이지만 그 외의 증상으로 몸이 아플 때는 그 부분을 자꾸 움직여주어야 해요. 저는 매일 아침 눈뜨면 이 체조로 하루를 시작한답니다(117쪽 참조).

수유의 포인트.

첫 번째,

아기 입과 젖꼭지를 직각으로!

두 번째,

어느 때고 원하는 만큼 먹이기!

출산 직후에는 엄마의 젖이 아직 준비 중인 상태입니다. 그래서 아기에게 배불리 먹일 정도로 젖이 넘치지 않지만 젖이 부풀어 오르기 전에 아기 입에 빨리는 것이 중요해요. 나오지도 않는 젖을 빨리려니 아기에게 미안한 마음이 들겠지만 다 의미 있는 과정이에요. 아기는 부풀기 전의 젖을 빨면서 젖꼭지를 자기의 입 모양에 맞추어놓습니다. 수유의 기본은 '아기 입과 젖꼭지가 직각이 되게 하기'입니다. 수유할 때마다 젖 먹이는 각도를 바꿔야 한다는 사람이 있는데, 그럴 필요 없습니다. 밤에 자다가 수유할 때는 같이 누운 상태 그대로 먹여도 괜찮아요.

또, 생후 1~2개월에는 시간 간격을 신경 쓰지 말고 아기가 원할 때마다 먹여주세요. 수유시간을 꼼꼼히 적어가며 체크하는 사람이 있는데, 적어놓는 것이야 나쁘지 않지만 너무 그것에 얽매여서 '몇 시에 먹였으니 아직 얼마 남았어.' 하며 **빡빡하게** 구는 것은 좋지 않습니다. 수첩보다 아기 상태를 더 자세히 바라봅시다.

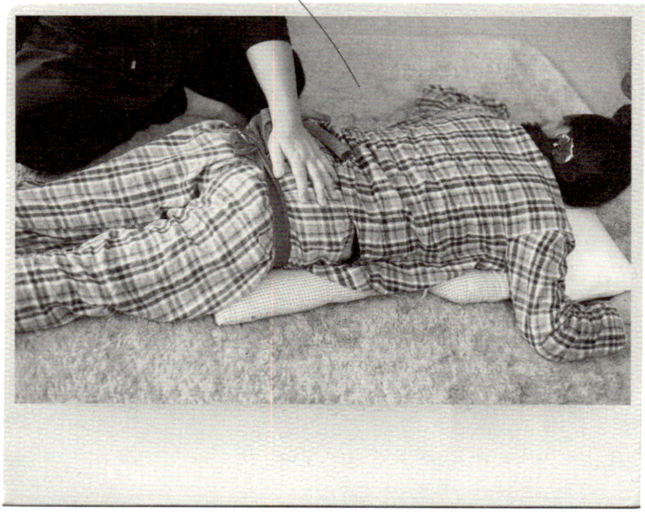

출산으로 틀어진 골반을 조산원 입원 중 마사지로 교정한다.
어떤 산모는 아프다 하고 어떤 산모는 간지럽다 하고, 반응은 제각각이다.

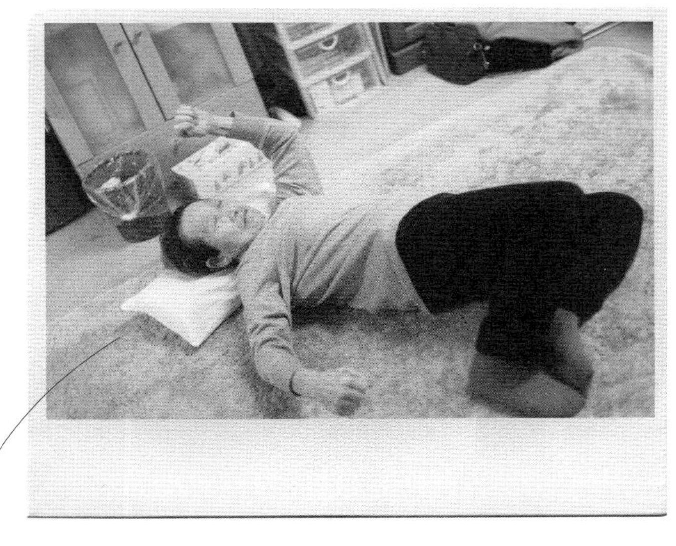

비틀비틀 체조.

할머니가 직접 전수하는 비틀비틀 체조.
아픈 구석이 있을 때는 마냥 감싸지 말고 계속 움직여주어야 한다.
피로가 쌓인 부분을 자꾸 움직이며 몸을 꿈틀꿈틀,
비틀비틀, 관절을 돌리고 늘이다 보면 혈액순환이 좋아진다.

작은 아기를 두고 어찌할 바를 몰라 헤매도 괜찮아요.
육아의 기본은 그때그때 상황에 대처하기랍니다.
미리 걱정하지 말아요.

제5장

퇴원 후의 생활

신생아기

자, 이제 진짜 육아가
시작되었습니다!
편안한 마음으로
있는 그대로 받아들여보세요

조산원에 입원해 있는 동안은 아기 보기가 수월합니다. 어떻게 해야 할지 모르는 상황에는 조산사가 옆에서 도와주기 때문이지요. 하지만 아무리 많은 조언을 듣는다 한들 집에서 직접 부닥치면 누구나 허둥대기 마련입니다. 퇴원 후 혼자서 아기를 보다 보면 그제야 모르는 것, 궁금한 것이 넘쳐납니다. 육아란 원래 그런 겁니다. 뭐가 잘못될까 봐, 아기한테 문제가 생길까 봐 앞서 걱정하며 대책을 세우려고 하면 오히려 불안이 커져서 전전긍긍하게 됩니다. 그보다는 닥치는 대로 해결한다는 마음가짐으로 육아에 임해봅시다. 어떤 상황이든 해결할 수 있다는 다짐 말이지요.

'나만 이런 걸로 힘들어하나?'
'부끄러운데 이걸 어디다 물어볼 수도 없고……'
초보 엄마라면 누구나 비슷한 고민을 합니다. 육아에 '나만 겪는 고민'이란 없어요. 모든 엄마가 비슷한 고민과 걱정을 지나왔답니다. 혼자 끙끙 앓지 말고 적극적으로 물어보세요.

'잘 자고 있나?'

'울면 어떡하지?'

엄마가 불안해하면

그 불안은 아기에게 전해집니다

아기가 잘 못 잘까 봐, 울까 봐, 시도 때도 없이 아기 걱정만 하는 엄마들이 많습니다. 조산원에서의 생활이 끝나고 막 집에 돌아왔을 때 특히 더 불안할 거예요.

얼마 전에 '아기가 너무 울어서 하루 한 끼 먹으면 다행이에요.' 하며 상담해온 산모가 있었습니다. 그래서 아기를 조산원에 맡겨놓고 나가서 친구와 맛있는 점심이라도 먹고 오라며 내보냈어요. 엄마와 떨어진 아기는 어떻게 되었을까? 쿨쿨 어찌나 잘 자던지. 엄마의 조마조마해하는 불안함이 아기에게 전해져 아기도 그동안 잘 못 잤던 겁니다. 조산원에 돌아온 산모에게 '아기가 잘 때는 신경 끊고 있어. 그냥 손에서 놓는다고 생각해.' 하며 조언해줬습니다. 엄마와 아기는 보이지 않는 끈으로 이어져 있어요. 엄마가 불안해하면 아기도 불안해집니다. 배불리 젖을 먹인 후에는 기분 좋게 잘 수 있도록 아기를 믿고 내려 놓아줍시다.

농땡이 육아를 하세요.

엄마가 편해야

아기가 예뻐 보여요

'농땡이 육아를 하세요.'

조산원을 나갈 때 꼭 해주는 말입니다. 내 입에서 그런 말이 나올 줄은 예상 못 한 듯 다들 눈이 동그래지죠.

육아 초기는 긴장의 연속이라 어깨에 힘이 바싹 들어가 있습니다. 하지만 계속 그러고 있다가는 너무 힘들어서 자기 아이도 예뻐 보이지 않아요. 집 안을 어질러놓는, 다소 허술한 엄마가 되어도 좋습니다. 아기가 예뻐 보여야 가족이 행복하고 즐거운 육아가 가능합니다. 아기를 사랑스럽다고 느끼며 있는 그대로의 모습을 받아들이는 것에서 육아가 시작됩니다. 너무 예뻐하는 게 아닐까 싶을 정도로, '이렇게 키우다가 공주님, 왕자님 되는 거 아니야?' 싶을 정도로 과하게 사랑을 줍시다. 육아 시기별로 명심할 점이 있는데, 나중에 세상에 도움이 되는 훌륭한 어른으로 키우고 싶다면 처음 1년간은 무한한 사랑을 쏟아부어야 합니다.

아기를 사랑스러워하는 마음, 여기서 모든 것이 시작됩니다. 그래서 농땡이 육아를 하라는 거예요. 농땡이 육아를 하려면 완벽주의를 버리고 엄마 손이 덜 가는 방법을 찾아야 합니다. 아기가 잘 자고 엄마가 쉴 수 있는 육아를 해야 해요. 때로는 친정이든 시댁이든 아기를 맡기고 과감하게 농땡이 쳐보세요.

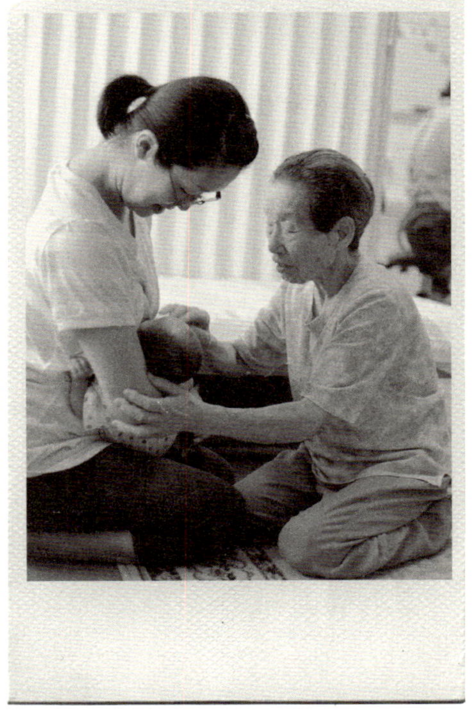

젖 먹이기 연습도
차근차근.

엄마가 웃으면
아기도 웃는다.

엄마가 무엇을 먹느냐에 따라
모유의 질이 달라집니다.
그렇다고 너무 구애받지 말아요

우리는 포식의 시대에 살고 있습니다. 맛과 농도가 짙은 음식을 너무 많이 먹으면 젖이 막히기도 합니다. 하지만 저는 비교적 태평한 성격이라 '막히면 막히는 대로 놔두고, 먹고 싶은 거 챙겨 먹어.'라고 조언합니다. 오지도 않은 상황을 미리 걱정하며 '이것도 안 되고 저것도 안 되고' 하며 마음에 여유가 없는 것이, 젖 막히는 것보다 더 걱정됩니다.

젖이 잘 막히는 산모는 한약방에서 구할 수 있는 우방자(우엉씨)를 차로 끓여 마시면 좋아요. 물 500cc에 우방자 한 큰술을 넣고 끓입니다. 굉장히 써서 마시기 수월한 차는 아니지만 차게 식히면 그나마 마실 만하죠. 냉장고에 넣어두고 한 잔씩 마셔보세요. 혼자 가슴 마사지를 할 때는 갈비뼈에서 가슴 쪽으로 쓸어 올리는 느낌으로 합니다. 가슴 마사지를 할 때 손이 가도 괜찮은 부분은 뼈에 가까운 가슴뿌리와 젖꼭지, 두 군데예요. 가슴 자체를 마사지하면 열이 나므로 몸에 가까운 쪽에만 힘을 주도록 합니다. 마사지하다가 열이 나면 수건으로 냉찜질해주세요.

아기에는 희미한 아빠의 존재.
'중요한 사람'이라는
존재감을 심어주는 일은
엄마 손에 달렸어요

엄마와 아기는 임신 중은 물론, 출산 후 탯줄이 끊긴 후에도 보이지 않는 끈으로 이어져 있습니다. 그에 비하면 아빠는 아무래도 존재가 희미합니다. 엄마가 어떻게 하느냐에 따라 아빠의 존재감이 달라집니다. 엄마가 잘 대처하면 평일에는 아기의 잠든 얼굴밖에 보지 못하는 아빠라도 아기가 '중요한 존재'라고 인식합니다. 매일 아기 기저귀를 갈아주고 분유를 먹여주지 못하더라도 아빠를 좋아하는 아이로 키울 수 있습니다. 이 모든 것이 엄마의 태도에 달려 있어요.

엄마가 경제적인 문제로 전전긍긍하지 않도록 든든하게 뒷받침을 해주는 것이 아빠의 중요한 역할입니다. 하루 종일 밖에서 일하고 돌아온 아빠는 집에 돌아오면 몸이 천근만근이지요. 그런 아빠를 위해 엄마가 말해주세요.
"아빠가 기운 없어 보이지? 아빠는 오늘도 우리를 위해 열심히 일하고 오셔서 그래."

아무리 세상이 바뀌어도 남자는 아기를 낳을 수 없습니다. 이것은 자연의 섭리입니다. 그러므로 남편이 아내와 동등하게 육아에 참여한다는 것은 어쩌면 이치에 맞지 않습니다. 남자는 단순해서 손익계산을 따지지 않고 묵묵하게 일합니다. 이것이 남자의 본능이지요. 그에 비해 여자는 아직 닥치지 않은 미래를 앞서 준비하려고 하죠. 이것은 집과 가정을 지키려는 의지가 오랫동안 이어져 본능으로 자리 잡은 결과가 아닐까요. 서로의 장점과 능력을 인정하고 이것을 끌어낼 수 있는 가정이 아기에게 가장 이상적인 집입니다. 부부 사이가 좋으면 육아는 걱정할 것이 없어요.

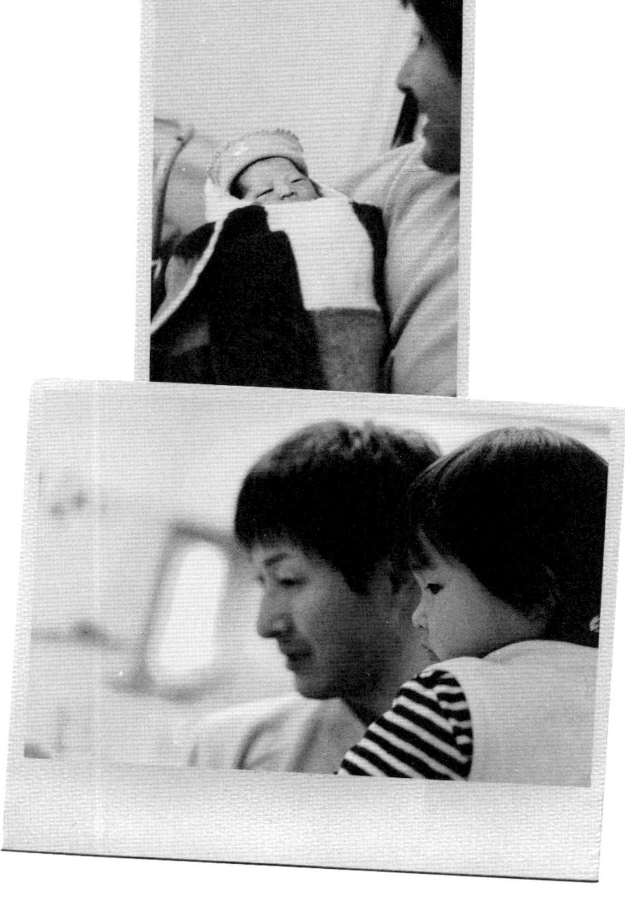

그것을 아이에게 전해주는 것이 엄마의 역할이다.

아기를 너무 귀찮게 하지 말되,

크게 울 때는

바로 반응해줘야 해요

조산원에 입원해 있는 동안이나 퇴원한 지 얼마 되지 않았을 때, 대부분 산모는 계속 아기만 살펴보면서 조금만 움찔대도 말을 걸곤 합니다. 그런 모습을 보면 저는 푹 자게 그냥 내버려두라며 뜯어말립니다.

아기 소리에 움찔대는 엄마와 달리 아기는 음냐음냐 소리 내고 꿈틀꿈틀 움직이면서 잘도 잡니다. 아기도 잠꼬대를 합니다. 어른도 자기 잠꼬대에 누가 계속 말을 건다면 난감하지 않을까요? 혼잣말처럼 하는 잠꼬대에는 일일이 반응하지 말고 그냥 내버려두세요. 아기가 곤히 잘 때는 '계속 말을 걸어줘야 한다는데 어쩌지?' 하며 안절부절못하지 말고 자기 시간을 갖도록 하세요. 엄마도 이때 같이 자 두는 것이 좋습니다. 그 대신 크게 소리 내어 울 때는 당장 달려가 줘야 합니다. 울음은 아기의 유일한 표현수단입니다. 이때 달려가 주어야 '아, 내가 부르면 와주는구나.' 하고 아기는 안심합니다.

트림 시키랴

코 청소하랴…….

아기의 자정작용을 믿으세요

젖을 먹인 후에는 트림을 시키려고 아기 등을 두드리고 문지르고, 한참을 그러고 있는 엄마들 참 많습니다. 그런데 분유와 달리 모유를 먹은 아기는 반드시 트림 시키지 않아도 됩니다. 머리를 높이 두고 충분히 안아주면 불필요한 공기가 코를 통해 자연히 빠져나갑니다. 아무리 등을 두드린들 안 나오는 것은 안 나오죠. 안고 있을 수 없으면 베개를 탁탁 두드려 세우고 머리를 높게 눕혀 재우면 됩니다.

딸꾹질하면 힘들까 봐, 재채기하면 감기 들었을까 봐 불안해하는 마음, 이제는 접어두세요. 딸꾹질은 잘 먹고 있다는 증거이고, 재채기는 코가 막혔을 때 나오는 자정작용입니다. 힘들게 코 청소를 해주지 않아도 아기 스스로 이물질을 내보냅니다. 인간의 몸은 나사 하나 없지만 잘 만들어져 있답니다.

머리 모양을 예쁘게 잡아주려면

짱구 베개가 아닌

수건으로 목 베개를 만들어주세요

아기는 상기도가 좁습니다. 베개가 높으면 턱이 아래로 숙여져서 호흡이 불편해지죠. 자다가 끙끙대는 모습을 종종 보인다면 호흡이 편안한지 체크합시다.

사실 이 시기에 아기들은 베개가 필요 없습니다. 하지만 머리 모양을 예쁘게 만들어주고 싶다면 짱구 베개 대신에 수건을 길게 말아서 목 아래에 받쳐줍니다(150쪽 참조). 목 베개를 하면 턱이 위로 들려서 호흡도 편안해진답니다.

엄마가 해 주는 운동이 아닌
아기가 스스로 움직이는
아기 체조를 시켜보세요

아기 체조라고 하면 흔히 엄마가 아기의 팔다리를 움직여주는 것을 떠올립니다. 하지만 우리 조산원에서는 아기 스스로 움직이는 체조를 가르칩니다.

목욕 후 발가벗은 아기를 1~2분 정도 엎드린 자세로 놓아두면 갓 태어난 아기도 고개를 들고 등 근육을 꿈틀꿈틀해서 앞으로 나아가는 시늉을 합니다. 발뒤꿈치에 손을 대면 발로 꾹꾹 밟지요. 이 장면을 처음 보는 산모는 깜짝 놀라지만, 이 체조를 매일 시키면 목 힘이 생겨서 빨리 목을 가눌 수 있습니다. 마냥 귀하게 안고 있는 아기보다 빨리 크는 것은 당연하고요. 아기를 매일 눕혀놓다 보니 등 쪽을 잘 보지 않게 되는데, 엎드리게 해놓으면 짓무르기 쉬운 가랑이나 엉덩이 트러블을 금방 발견할 수 있답니다(151쪽 참조).

아기는 독립적인 인격체입니다.
엄마 뜻대로 되지 않는 게
당연한 일이지요

막 퇴원한 많은 산모가 '아기가 내 뜻대로 되지 않아요.'라며 상담하러 옵니다. 하지만 이것은 지극히 당연한 일이지요. 젖을 먹고 똥을 누더니, 또 울고 먹고 싸고……. 끊임없는 반복. 그럴 때마다 계속 젖을 물리느라 힘들겠지만 어쩔 수 없어요. 그것이 엄마의 일이잖아요.

'젖 먹고 나면 잘 줄 알았더니 이불에 내려놓으니까 눈을 똥그랗게 뜨고 잠들 생각을 안 해요.'라며 힘들어하는 엄마도 있습니다. 하지만 이것도 어쩔 수 없는 일이지요. 아기도 눈 뜨면 놀고 싶을 테니까요. 그럴 때는 마음의 여유를 갖고 놀아주었으면 합니다.
아기는 엄마와 다른 인격체입니다. 아직 작다고 얕보지 말고 한 사람의 독립적인 인격체로 대해주세요.

수유는
다른 이름의 섹스라고 생각해요.
아기와 충분히 교감하고
만족감을 줘야합니다

수유에는 심신의 영양 공급 말고 또 하나의 큰 역할이 있습니다. 아기 속에 있는 '성 유전자'를 깨우는 것이지요. 제 눈에는 엄마와 아기가 수유 때마다 섹스를 나누고 있는 것처럼 보입니다. 그래서인지 수유기의 산모는 남편과의 관계에 소극적이 되지요. 하루에도 몇 번이나 섹스를 하는 셈이니 다른 남자가 다가오면 성가신 거죠.

특히 남성은 사춘기에 접어들면 충동적인 성욕이 찾아옵니다. 나쁜 경우, 죄를 저질러서라도 욕구를 채우려 하죠. 하지만 아기 때 많이 안기고 수유를 통해 충분한 만족감을 맛본 아이는 자기 욕구에 제동을 걸 줄 압니다. 그런 아이는 다른 사람과 자기 자신을 귀하게 여기고 교감하면서 즐거운 사춘기를 보낼 수 있습니다. 그래서 모유 수유가 중요해요. 가능하면 1년, 적어도 3개월간은 모유 수유를 합시다.

딱 1년만,
아기 중심으로 생활해보세요.
이후의 육아가 수월해집니다

아기는 엄마 품에 안기기 위해 세상에 태어났습니다. 소중하게 안아주는 그 느낌을 통해 자기가 소중한 존재라는 것을 아는 자존감이 생깁니다. 자존감이란 공부를 잘한다든가, 운동을 잘하는 것처럼 눈에 보이는 능력보다 훨씬 더 중요합니다. 자존감은 한 인간의 토대가 됩니다. 공부를 좀 못하더라도 자존감만 잘 자리 잡혀 있으면 자신 있게 인생을 살아갈 수 있습니다. 이렇게 중요한 자존감은 금방 생겨나지 않습니다. 처음 1년간, 엄마가 모든 것을 아기에게 맞추겠다는 각오로 철저히 육아에 임하다 보면 그 기초가 생겨나요.

저는 '1년 동안은 철저히 아기 중심으로 살라.'고 조언합니다. 그게 힘들다면 적어도 3개월은 아기에게 몰두해보세요. 그 기간에 사랑을 쏟아부으면 그 후의 육아가 수월해집니다. 반대로 말하면 처음 1년을 어영부영 보내면 나중에 바로잡기 힘들다는 거죠.

아기가 너무 울어서 어찌할 바를 모르고 조산원에 달려오는 산모가 적지 않습니다. 그런데 자지러지게 울던 아기도 이곳 침대에 눕히면 이상할 정도로 새근새근 잘 잡니다. 어떤 아빠는 트럭을 갖고 와서 침대를 빌려 가고 싶어 할 정도였어요. 하지만 문제는 침대가 아닙니다. 이곳에 온 아기들에게 모든 것을 쏟아붓겠다는 마음, 철저히 몰두하겠다는 저의 마음가짐이 아기를 안심시키고 푹 잠들게 하는 것이 아닐까 생각합니다. 처음 1년간, 철저히 아기 중심으로 생활합시다. 신기하게도 산모가 마음을 굳게 먹는 순간, 아기의 태도가 바뀝니다.

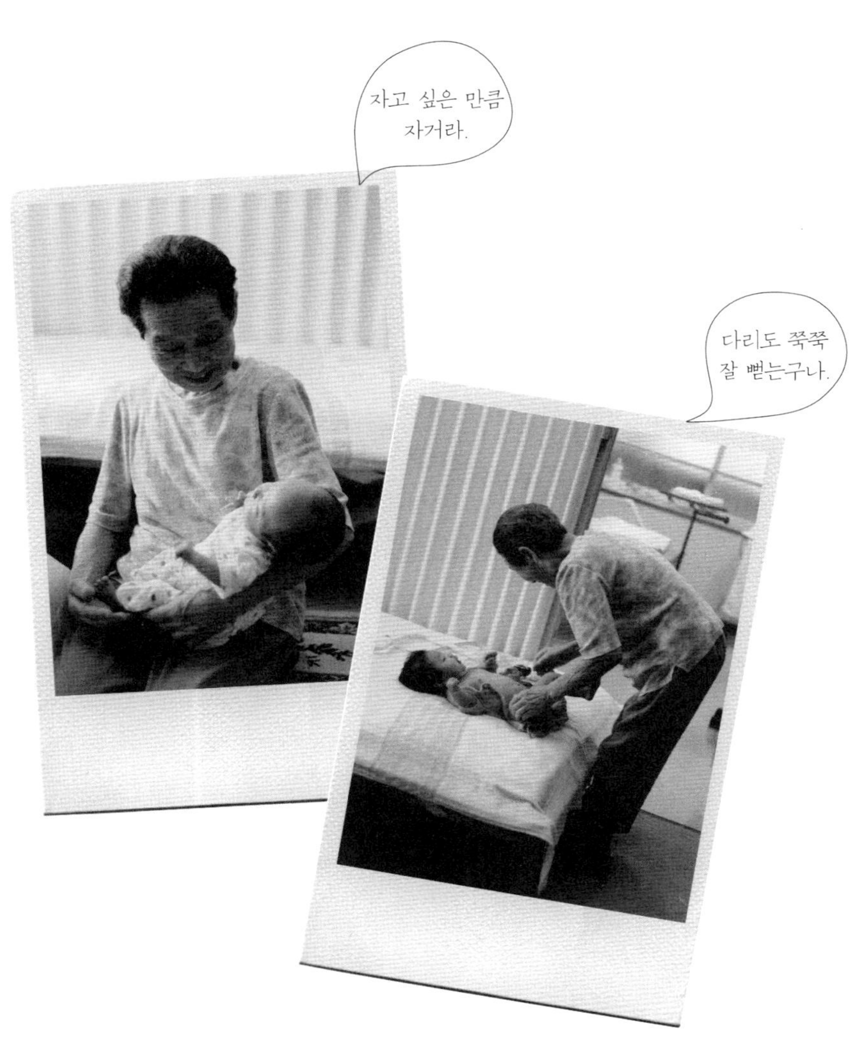
자고 싶은 만큼
자거라.
다리도 쭉쭉
잘 뻗는구나.

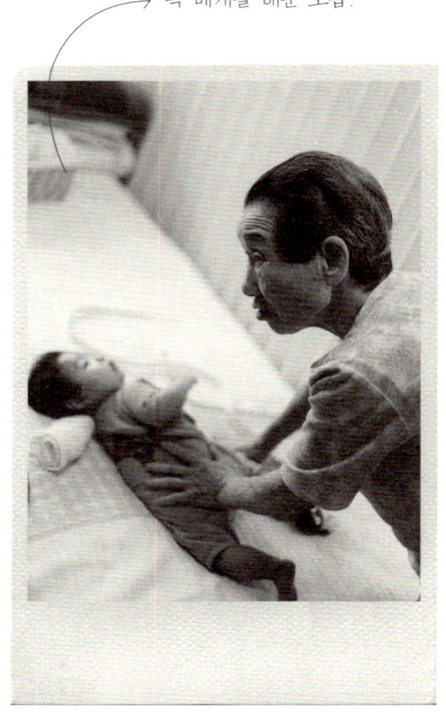

수건을 길게 말아서 목 아래를 받쳐주는 목 베개.
기도가 막힐 염려가 없다.
한쪽으로 자는 버릇 때문에 머리 모양이 눌릴까 봐 걱정될 때
목 베개를 해주면 반대 방향으로 재울 수 있다.

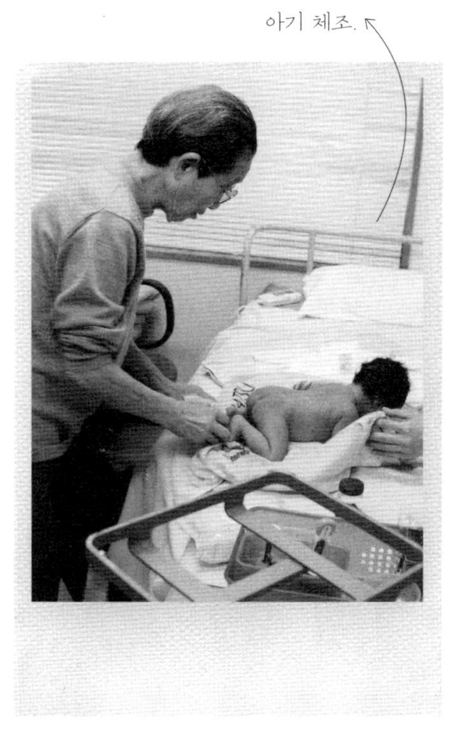

아기 혼자 힘으로 하는 아기 체조.

목욕시킨 후, 1~2분 정도 엎드리게 하고 온몸의 상태를 체크한다.

이때 발바닥에 손을 대주면 끙끙대며 발을 디디고 앞으로 나가려 한다.

아기를 안고 또 안고 애정을 듬뿍 쏟아부어야 하는 시기예요.
뭐든지 너무 완벽하려고 들면 엄마와 아기가 지친답니다.
어깨의 힘을 빼고 편안하게 다가가세요.

제6장

생후 1개월에서
6개월까지

아기에게 한 수 배운다는
편안한 마음가짐으로 생활한다면
산후우울증 걱정할 필요 없어요

육아는 머리로 하는 것이 아니라 아기의 모습을 살피고 느끼며 자연스럽게 우러나오는 것이어야 해요. 몸이 불편한 사람을 보면 자기도 모르게 손을 내미는 것처럼 말이지요. 그런 마음이 육아의 원점입니다. 많은 산모가 겪는 산후우울증은 육아를 머리로 하려 하기 때문에 생기는 것이 아닐까요? 아기에게 한 수 배운다는 가벼운 기분으로 아기를 대하면 산후우울증은 싹 사라질 겁니다.

그리고 먹는 것도 우울증 예방에 굉장히 중요해요. 먹는 것에 소홀하면 정신도 온전히 건강을 유지하지 못한답니다. 아무리 바쁘게 살아도 밥은 잘 챙겨 먹도록 합시다.

출산 후 한 달,
적극적으로 섹스하세요.
남편 혼자 해결하게 하는 아내는
잘못하는 거예요

남녀는 갖고 태어나는 생리가 다릅니다. 보수적으로 들릴지도 모르겠습니다만, 남성은 몸에 쌓인 것을 밖으로 배출해야 하는 것이 섭리예요. 그러므로 출산 후 한 달이 지났다면 적극적으로 섹스하길 바랍니다. '우리 남편은 비디오 보고 해결하더라고요.'라며 아무렇지도 않게 말하는 아내는 문제가 있어요. 1년이고 2년이고 방치당한 남편은 정신적인 학대를 받고 있는 것이나 다름없습니다. 여성이 무관심하게 굴면 남자의 성욕이 이상한 방향으로 흘러갈 수 있다는 점을 명심하세요.

한집에 사는 부부이니 언제 어떤 모습으로든 함께할 수 있습니다. 알몸으로 꼭 붙어 지내도 돼요. 그렇게 남편이 쌓인 것을 배출할 수 있도록 도와주세요. 청소나 요리가 완벽해도 몸과 마음이 이어져 있지 않으면 그 가정은 차갑습니다. 이래서는 안 되죠. 저의 경험상 섹스가 없는 가정은 경제적으로도 풍요로워지지 않아요.

1세 아기에게 도덕관념,
예절 교육은 무용지물.
특히 3개월까지는
맹목적인 사랑을 해주세요

어깨 힘을 빼고 편안한 마음을 갖는 것이 육아의 기본입니다. 모든 육아 시기에 해당하는 말이지만 아기가 어릴수록 긴장감이 강해지는 경향이 있지요. 규칙이 많은 육아는 긴장의 연속이라 사람을 지치게 한답니다. 너무 깊게 생각하지 말고 그때그때 아기의 상태를 살피며 마음으로 느껴보세요. 갓 태어난 아기를 앞에 두고 '버릇없어지면 안 돼!' 하며 미리 긴장할 필요는 없지 않을까요?

1세 아기에게 도덕관념, 예절 교육은 무용지물입니다. 특히 출산 후 3개월까지는 맹목적인 사랑을 쏟아부어주세요. 안고 또 안고 계속 안고, 더할 수 없이 예뻐해주세요. 주고 또 주어도 괜찮습니다. 그래야 솔직하고 유연한 아이로 자랍니다.

아이가 어릴수록
텔레비전이 끼치는 영향은 큽니다.
엄마의 목소리로
자장가를 불러주세요

편하다는 이유로 텔레비전에 아기를 맡겨놓는 엄마들, 참 많습니다. 아이가 어릴수록 텔레비전이 주는 악영향이 큽니다. 아기 때부터 텔레비전에 붙어살면 다른 사람과 시선을 맞추지 못하거나 의사소통이 서툰 아이가 될 수 있어요. 텔레비전은 사람과 달라서 일방적으로 정보를 내보낼 뿐, 진짜 교류를 할 수 없습니다. 또 아기가 이유식을 잘 안 먹는다고 하는 엄마들의 이야기를 잘 들어보면 식사 때 텔레비전을 켜놓는 경우가 많습니다.

아기 때 생긴 기억일수록 뇌 깊숙한 곳에 남습니다. 어려서 아무것도 모를 것으로 생각하고 아기가 있는 방에 텔레비전을 계속 켜놓는 것은 상당히 위험합니다. 아기에게는 텔레비전이 아닌 엄마의 목소리로 자장가와 동화를 들려주세요. 엄마 목소리는 텔레비전과 달리 '진짜'라서 아기의 마음에 와 닿습니다. 엄마의 음성이 아기의 정서를 키웁니다. 한 번 정서장애를 일으키면 바로잡기 힘들어요. 지나고 나서 후회하지 말고 지금 이 순간 아기와 마주하세요.

위기의 순간일수록
본능이 빛납니다.
앞일을 걱정하기보다
지금을 살아간다면 잘될 겁니다

1995년 고베 대지진, 2004년 니가타 지진, 2011년 동일본 대지진……. 일본 땅에는 끊임없이 대지진이 일어나고 있습니다. 갑작스러운 재해 때문에 피난소에 몸을 맡긴 사람들의 모습이 텔레비전에 나왔습니다. 그중에는 갓난아기를 안고 있는 엄마도 있었습니다. 겨우 목숨만 건졌을 뿐 먹을 것이 없어 젖이 마르고 분유는 구할 수도 없는 상황에서 그 엄마는 구호물자로 제공된 주먹밥을 잘게 씹어서 아이 입에 넣어주고 있었어요. 나도 모르게 텔레비전 속 그녀에게 '그래. 그거면 돼!' 하며 응원의 말을 내뱉었습니다. 옛날 전쟁 중에는 황실에서도 그렇게 아이를 먹였습니다.

젊은 엄마들이 생각하기엔 파격적이고 비상식적일지 모르나 아이를 살리겠다는 마음에서 나온 행동은 엄마로서 할 수 있는 최선입니다. 그것으로 충분해요. 극한 상황일수록 인간의 본능은 빛이 납니다. 위기 속에서는 내일, 모레의 일을 생각할 수 없지요. 당장 오늘 살아남아야 내일도 있답니다.

엄마가 잘 살아야 아기의 생활 리듬이 생깁니다.
삼시 세 끼부터 잘 챙겨 먹을 것!
엄마가 잘 먹어야 아기도 잘 먹습니다

제7장

생후 6개월에서 12개월까지

태어나서
6개월이 지나면
교육을 시작해야 할 때입니다.
말로만 가르치지 말고
행동으로 보여주세요

생후 1년부터는 생활 교육, 예절 교육을 시작하는 시기입니다. 그 준비단계로서 생후 6개월부터는 이전까지 쏟아부었던 '맹목적인 사랑'을 조금씩 거두고 어느 정도 틀이 잡힌 교육을 해야 해요. 틀을 잡는다고 해서 아이 스스로 큰 노력을 해야 하는 것은 아닙니다. 같이 사는 어른이 규칙적이고 바른 생활을 하라는 것이지요. 출산 직후에는 수유 시간을 따로 정할 수 없으니 엄마의 생활 리듬도 흐트러지게 마련입니다. 하지만 6개월부터는 마음을 달리 먹고 생활 리듬을 재정비해야 합니다.

아이의 생활 리듬을 만들어주려면 엄마, 아빠가 항상 규칙적으로 생활하는 모습을 보여야 합니다. 누가 보든 보고 있지 않든 일정해야 해요. 이유식을 시작하는 시기이니만큼 우선 부모가 삼시 세 끼 잘 챙겨 먹는 모습을 보입시다. 교육은 말로 하는 것이 아니에요. 행동과 태도로 보여야 합니다. 일방적으로 가르치는 교육이 아니라 아이가 보고 배우도록 부모가 노력해야 합니다.

첫 이유식, 어려워 마세요.
깨끗한 손으로
밥알 으깨서 먹이는
것만으로도 괜찮습니다

아기가 젖꼭지를 혀로 이리저리 굴리며 갖고 놀기 시작했다면 이제 이유식을 시작할 때입니다. 밥 먹는 어른의 입을 뚫어져라 쳐다보거나 침을 흘리는 아이도 있지요.
이유식 시작일을 미리 정해놓지 말고 이런 식으로 느낌이 왔을 때 깨끗한 손으로 밥알을 으깨어 조금씩 아이 입에 넣어줘 봅시다.

아이가 음식을 가린다고 걱정하는 사람이 간혹 있는데, 아이가 본능적으로 좋아하는 음식부터 차근차근 먹이면 됩니다. 아이는 어설픈 영양사보다 나아서 자기가 필요로 하는 음식을 알고 있습니다. 처음에 익숙한 음식 몇 가지만 먹던 아이도 느긋이 지켜보면 점차 음식의 폭을 넓혀갈 것입니다. 엄마, 아빠가 식탁 앞에서 싸우지 않고 즐겁게 식사하면 그 모습을 보는 아이는 자연스레 먹거리에 대한 흥미를 키울 거예요.

아이가 절실하게 원할 때는
그 마음을 제대로 들여다보세요.
어긋난 이해는 오히려 해롭습니다

아이가 무언가를 호소할 때 흘려듣지 말고 집중해서 아이의 마음을 들여다보세요. 가령 부모가 듣고 싶지 않은 말일지라도 말이에요.

하나의 사물도 다른 각도에서 보면 전혀 다르게 보입니다. 아이가 무언가를 말할 때는 마냥 맞은편에서 보지 말고 아이가 보는 쪽을 같이 바라보아야 합니다. 아이 입장에 서서 '그래. 네 말이 정말 맞다.'라고 진심으로 느끼지 않으면 아이의 절실한 마음을 다 받아들이지 못한 겁니다. 어중간한 이해심, 초점을 벗어난 호응은 아무 반응도 하지 않는 것보다 오히려 해롭습니다. 아이를 이해한 척 어설프게 고개를 끄덕이면 아이는 '엄마는 역시 내 마음을 몰라.' 하며 좌절과 불신에 부닥칩니다.

물론 아이가 간절하게 원하는 것이 무엇인지 알아도 다 이루어주지는 못합니다. 그럴 때는 안 되는 이유를 잘 설명해주세요. 무턱대고 "안 돼!"를 외치는 것만은 절대 금물입니다.

'좋은 아침! 잘 잤니?'
매일 아침을
아빠의 활기찬 인사로
시작하는 집은
육아가 술술 풀립니다

'육아의 성공 열쇠는 아빠 손에 있다.'는 것이 저의 지론입니다. 아빠가 밝고 건강해서 아이가 "난 우리 아빠가 참 좋아!" 이렇게 말하는 집이라면 육아도 술술 풀릴 것입니다.

아빠에게 활기가 없다면 엄마가 아빠 몫까지 나서는 바람에 아빠의 자리가 없어진 것은 아닌지 한번 생각해봅시다. 아무리 시대가 바뀌었다 해도 남자와 여자는 선천적으로 다릅니다. 한 가정에 엄마가 두 명 있다면 아이는 온종일 세세한 부분을 지적받으며 어찌할 바를 모를 거예요. 아빠는 아빠답게, 엄마는 엄마답게, 이것이 육아의 기본이죠.

육아, 부모와 자녀 사이의 문제로 상담해오는 사람들에게 저는 '아빠가 매일 아침 가족 한 사람, 한 사람에게 인사를 건네 보라.'고 조언합니다. 가족에게 힘을 받아 오늘도 열심히 일한다는 감사의 마음을 담아서 말이에요. 처음에는 어색해도 계속 인사하다 보면 분명 좋은 변화가 일어날 거예요.

'아직 못 알아들을테니까' 라고
단정 짓지 말고,
하고 싶은 말은
주문처럼 되뇌어라

아이에게 바라는 것이 있을 때 '어차피 말도 못 알아듣는데, 뭐.' 하며 지레짐작해 포기하지 마세요. 무턱대고 강요하면 말귀를 알아듣든 그렇지 못하든, 통하지 않겠지만 안 되는 이유를 제대로 반복해서 설명하면 어린아이도 결국 이해하고 받아들입니다.

아이의 어떤 행동 때문에 난감해하는 부모에게 저는 "말이 통하든 그렇지 않든 계속 주문처럼 되뇌어라."고 조언합니다. 예를 들어 아기가 계속 젖꼭지를 깨물어서 힘들다면 아기에게 "깨물면 안 돼. 엄마가 너무 아파." 하는 주문을, 화장실을 잘 가리지 못하는 아이에게는 "응아는 변기에 해야지. 그래야 엉덩이에 안 묻고 시원하겠지?"라는 주문을 외는 것입니다. 단조롭게 소리만 낼 것이 아니라 아이에게 전해질 것이라는 믿음을 곁들여야 합니다.

'다른 애들이야 어떻든 간에,
내 아이만 완벽하다면.'
이런 식의 이기적인 육아는
반드시 실패합니다

내 아이의 발육이 늦거나 장애가 있다는 사실을 알았을 때, 좀처럼 그것을 받아들이지 못하고 그 사실을 알려준 사람을 탓하는 경우를 종종 봅니다. 그 뒷면에는 '다른 아이는 어떻게 되든 간에 내 아이만은 완벽해야 한다.'라는 이기적인 마음이 숨어 있습니다. 그런 마음을 바꿔 먹지 않으면 육아는 실패로 돌아갑니다. 부모가 된 순간, '하늘이 우리에게 점지해 준 아이'라고 생각했으면 좋겠습니다. 그리고 '우리 부부에게 태어났으니 무슨 일이 있어도 지켜주겠어.'라고 굳게 마음먹어야 합니다.

처음부터 완벽한 인간은 없습니다. 처음에는 남을 원망하고 아이의 모습을 있는 그대로 받아들이지 못했더라도 차차 받아들일 수 있으면 됩니다. 잘나고 못난 아이는 없습니다. 부모로서의 우여곡절이 긴가 짧은가, 단지 그 차이뿐입니다.

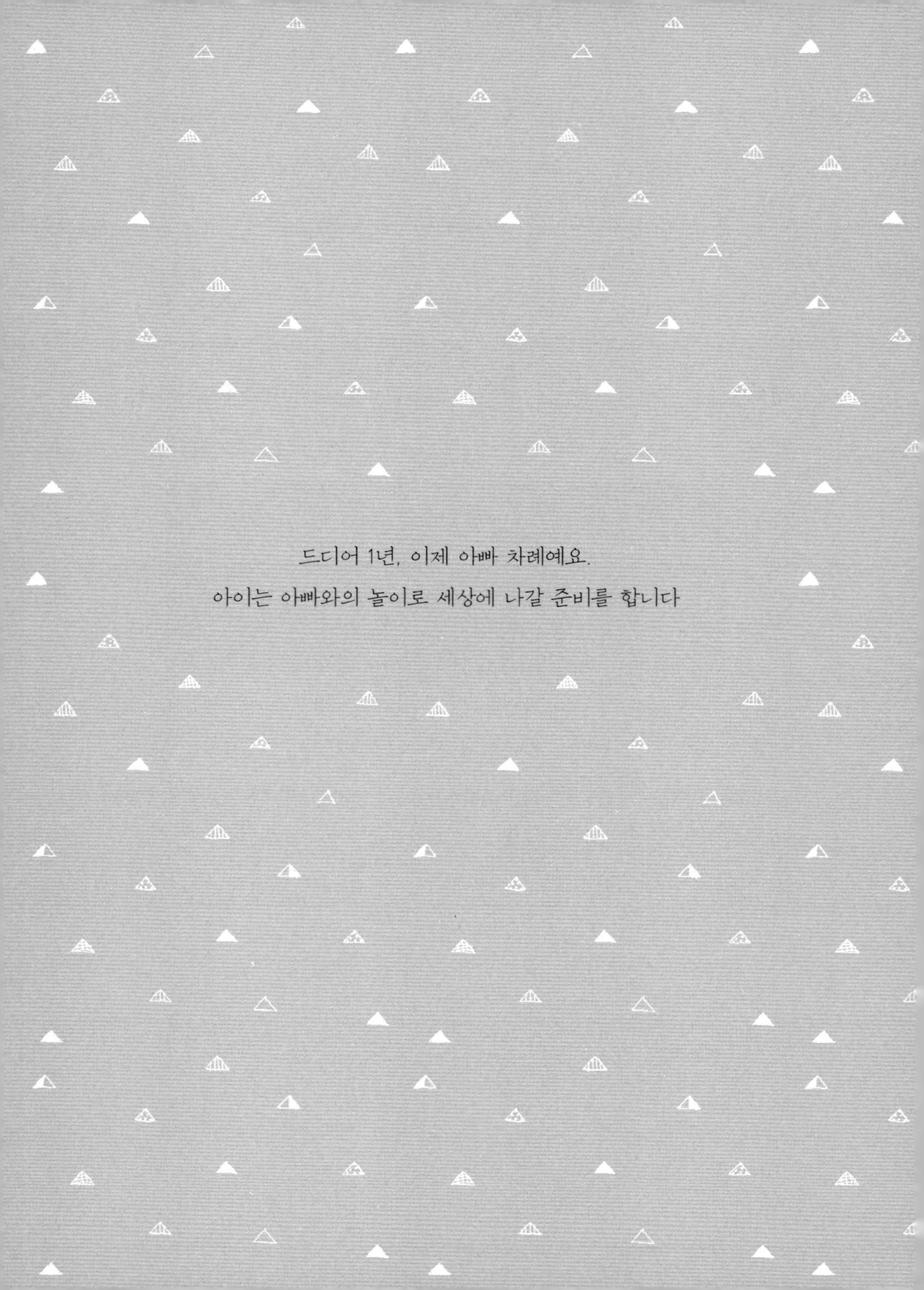
드디어 1년, 이제 아빠 차례예요.
아이는 아빠와의 놀이로 세상에 나갈 준비를 합니다

제8장

아이가 걷기 시작했다면

아이가 두발로 걷기 시작했다면
그것이 '자립' 입니다.
가르쳐야 할 때가 된 것입니다

아이가 두 발로 서는 시기가 왔습니다. 자립自立은 문자 그대로 아이 혼자 서는 것입니다. 아이가 서기 시작했다면 부모로부터 자립할 시기가 다가왔다는 뜻입니다. 마냥 사랑을 쏟아붓던 시기를 지나 사회 규범이라는 것을 배워야 하는 시기에 이르렀습니다. 다시 한번 강조하지만 진짜 예절 교육은 입이 아닌 행동으로 보여주는 것. 아이는 부모의 등을 보며 자라납니다.

부부는 서로 존경하고 감싸며, 늘 고마워하고 함께 응원하는 사이입니다. 우리 집안만 살피지 말고 이웃과도 잘 지내며 친정 부모님, 시부모님과 사이좋게 지내야 합니다. 그런 척하기는 쉽지만 문제는 마음이지요. 진심만이 아이에게 전해지니까요. 그리고 아이를 '사회에 도움이 되는 존재'로 키우겠다고 다짐해보는 것은 어떨까요.
가장 중요한 것은 아이를 하나의 인격체로 인정하는 것입니다. 막 대하지 않고, 일방적인 말이 아니라 대화를 하는 것입니다.

돌이 지나면
아빠 육아의 차례입니다.
아이가 초등학교를 졸업할 때까지
개인 시간은 없다고 생각하세요

생후 1년, 엄마와 아이가 꼭 붙어 지내며 안정적으로 애착 형성을 했다면 아이가 걷기 시작하는 돌 무렵부터는 분리 애정으로 갈아타야 합니다. 아이를 세상에 내보내기 위한 준비이죠.

엄마의 애정은 아이가 몇 살이어도 밀착 애정이에요. 억지로 떼려 해도 떨어지지 않습니다. 그러므로 돌부터는 아빠가 나서주세요. 분리 애정을 발휘할 수 있는 것은 아빠뿐입니다. 이때부터 아이가 초등학교를 졸업하고 사춘기를 맞을 때까지 아빠는 바쁜 시간을 쪼개어 아이와 놀아주어야 해요. 엄마가 눈살을 찌푸릴 만큼 짓궂은 장난을 해도 좋습니다. 이 시간이 아이가 가정에서 사회로 나가는 다리 역할을 합니다.

아빠가 육아에 무관심한 가정, 엄마가 아빠에게 소홀한 가정의 아이는 아무리 공부를 잘해도 세상이 필요로 하는 인성을 갖추기 어렵습니다.

'이렇게 키워야지.' 하고
틀을 만들어서는 어렵습니다.
육아에 정해진 목표는 없어요

엄마, 아빠는 자기가 자라온 경험, 사회의 잣대를 바탕으로 이상적인 아이의 모습을 정해놓곤 합니다. 아이가 부모의 바람대로 자라주길 원하지요. 하지만 이상을 세워놓고 그에 맞추어 하는 육아는 결국 실패합니다. 육아는 뜻대로 되지 않는 것. 흘러가는 대로 내버려둬야 하는 부분이 있습니다.

자신의 이상에 아이를 맞추려 하지 말고 아이의 개성을 느끼고 인정해주어야 합니다. 아이를 깊게 살피되 크게 관여하지 말고 아이의 행동에 부모가 따라가면 됩니다.

'이건 하면 안 돼.' '이렇게 해야지.' 일거수일투족 부모가 간섭하면 아이는 마음껏 재능을 발휘하지 못해요. 심한 간섭은 주의력 결핍-과잉행동장애ADHD의 원인이 되기도 합니다.

걷기 시작한 아이에게

모유란,

어른이 식사 후에 마시는

커피 같은 것입니다

우리 조산원에 오는 임산부 중에는 1~2년 정도 모유를 계속 먹이는 사람이 많습니다. 저는 아기가 걷기 시작하면 당장 모유를 졸업시켜도 상관없다고 봅니다. 모유는 몸의 영양이자 마음의 양분이지만 걷기 시작하면 음식물에서 양분을 섭취해야 합니다.

걷기 시작한 아이에게 모유는 어른들이 마시는 식후 커피 같은 것입니다. 이유식을 잘 먹으면 모유를 같이 먹여도 좋습니다. 하지만 모유 때문에 이유식을 좀처럼 먹으려 하지 않으면 모유를 졸업시켜야 해요. 밥은 거르고 커피만 마시면 안 되는 것과 마찬가지입니다.

"엄마 젖에는 이제 영양이 없단다."
주문처럼 아이에게 반복해 말하면 단유에 도움이 됩니다.

훈계는 짧으면 짧을수록
아이의 마음 깊이까지
전해진답니다

아이가 놀다가 생명에 위협이 될 정도로 위험한 행동을 하면 당장 야단쳐야 합니다. 하지만 아이가 성장하는 데는 어느 정도 모험이 필요한 것이 사실이에요. 온종일 잔소리하며 쫓아다니기 싫다면 아이가 안전하게 놀 수 있는 환경부터 만들어주세요.

아이뿐만 아니라 어른도 들을 마음이 없으면 아무 소리도 귀에 들어오지 않습니다. 구구절절 설교는 마음의 문을 닫게 하고 너무 긴 훈계는 왼쪽 귀로 들어가 오른쪽 귀로 흘러나오게 마련이에요. '야단칠 때는 짧게, 위엄 있게.' 기억해두세요. 이치에 맞는 말을 하면 아이도 알아듣는답니다.

"여기 앉아봐. 지금 잘한 거야, 잘못한 거야?"
"잘못했어요."
"그럼, 이제 안 그럴 거지? 가서 놀아도 돼."

처음에는 쉽지 않을 수 있지만, 저는 이렇게 짧게 아이가 수긍할 만한 방법으로 이야기했어요.

진짜 일류로 키우려면

자연에 대한

경외심을 심어줘야 해요

아이의 창의력을 키워주려고 학원에 보내고 과외 시키는 열성 부모는 많지만 자연에 대한 경외심, 소중함을 알려주는 부모는 드물어요. 아이를 진짜 일류로 키우려거든 자연에 대해 먼저 가르쳐야 합니다.

일본 사람들은 주변의 나무, 들풀, 꽃, 강과 바다, 산, 대지, 발아래 굴러다니는 작은 돌에도 신이 깃들어 있다고 믿습니다. 그리고 인간 자신도 자연의 일부이고요. 자기가 우주 자연의 일부임을 자각하는 것. 그 감각을 마음 깊은 곳에 품고 있어야 진짜 예술, 진짜 음악을 할 수 있어요. 먹을 수 있는 것, 배설할 수 있는 것에도 감사해야 합니다. 자연에 대한 경외심은 자기 자신의 존재에 대한 감사이기도 합니다.

사랑받는 존재라고
느끼게 해줄 수 있는 것은
지금 이 순간뿐!

아이는 이상하게도 유독 바쁠 때 보채거나 엄마를 찾지요. 하지만 언제나 코앞의 일 처리보다 아이가 우선이에요. 지금 이 순간을 놓치면 아이의 마음은 영영 돌아설지도 모른답니다. 산더미처럼 쌓인 설거지나 빨래를 하느라, 손이 축축해서 아이가 불러도 안아줄 수 없다니? 아이는 그런 상황을 이해할 수 없어요. 그저 엄마가 품에 꼭 안아주면 애정 100% 충전인 거죠. 설거지 끝날 때까지 기다리라고 했다가 나중에서야 "이리 와봐. 안아줄게."라고 해봤자 아이 마음은 이미 떠난 후인 거죠.

사람은 세 번 무시당하면 "나에겐 관심이 없어."라며 단정 짓고 마니까요. 텔레비전 드라마에서 눈을 떼지 못해 아이에게 제때 대답하지 않으면 아이는 "엄마는 나보다 텔레비전을 더 좋아해." 하고 실망한답니다. 너는 소중한 존재라고, 너무 사랑한다고 아무리 입으로 말해봤자 느끼지 못하면 소용이 없어요. 엄마는 사랑과 애정을 평소의 행동으로 보여줘야 해요.

'나는 엄마를 도울 수 있어.'
엄마를 돕는 기쁨이
아이를 행복하게 해요

생후 2~3개월 된 아기는 엄마가 옆에 있어주길 바라고 3~4개월 된 아기는 옆에 있어주는 것은 물론 같이 반응해주길 원합니다. 그리고 4개월을 넘어서는 시점에서 '엄마와 기쁨을 공유하고 싶다.'라는 마음이 싹트지요. 이렇게 어린 아기도 기쁨을 공유할 줄 아는 거예요.

우리 뇌가 느끼는 행복에는 두 가지 종류가 있는데, 하나는 원하던 것을 손에 넣었을 때 뇌 속에 도파민이 활성화되면서 느끼는 것이에요. 또 하나는 무언가 좋은 일을 했을 때 세로토닌이 활발해지며 뿌듯한 충족감이 몸에 쫙 퍼지는 거죠. 전자보다는 후자의 행복이 정서 안정에 도움이 된답니다. 사람들이 마냥 떠받들어주고 칭찬해주면 행복해질까요?

사람이라면 누구나 남에게 무언가를 해줄 수 있을 때, 베풀 것이 있을 때 행복을 느낀답니다. 돌이 지나면 아이에게도 연령별로 맞는 '아이만의 일'을 찾아주세요. 일방적인 사랑이 아닌 인간으로서 공생하는 길을 알려주는 거지요.

2010년 11월 5일(금) 14:44

임신 41주 2일 차, 둘째 아이를 출산

이타니 요코

둘째 아이도 사카모토 조산원에서 낳고 싶다고 쭉 생각하고 있었는데, 다행히 검사 결과 조산원 출산에 문제가 없는 것으로 나와서 안심했다. 진통에 대한 불안이 심했던 나는 첫 출산 때 겪은 골반이 깨질 듯한 통증이 다시 떠올라 무서워졌다. 그래도 남편이 잘 달래준 덕에 한동안 무서움을 잊고 지낼 수 있었다. 첫째 아이 때는 예정일보다 12일 늦게 진통이 왔는데, 이번에는 다행히 9일 늦게 진통이 시작되었다.

진통 간격이 점점 짧아지나 싶더니 첫 진통의 기억이 무섭게 되살아나서 남편 팔에 손톱자국이 남을 정도로 세게 붙잡았다. 조산원에 도착하고 6시간이 지난 후 자궁이 9cm 정도 열렸고 조금만 더 힘쓰면 나올 것 같은 상황에서 갑자기 진통이 뚝 끊겼다. 머릿속에는 온통 무섭다는 생각뿐이었다. 도저히 해낼 수 없을 것 같은 기분이 들었다. 마음이 무너지는 듯했다. 그때 사카모토 선생님이 나에게 말했다.

"자네가 못 낳겠다고 생각하면 아기도 못 나와. 엄마가 불안해 하면 아이도 불안해 해. 엄마의 불안이 아기에게 옮겨간다고."

선생님의 말에 자극받아서 마음을 고쳐먹고 결국 출산에 성공했다.

"낳았다고 끝이 아냐. 이제부턴 체력을 길러서 아이를 건강하게 키워야 해."

선생님은 마지막까지 기운을 북돋워주셨고 그 말에 출산 후 육아에 대해서도 굳게 마음을 먹을 수 있었다.

2010년 8월 3일(화) 5:21

임신 40주 4일 차, 장남을 출산

다쓰이와 아스카

20세라는 어린 나이에 속도위반으로 결혼하고 21세에 아이를 낳았다. 아기의 존재를 처음 알았을 때는 너무나 불안했고, 내가 정말 엄마가 될 수 있을까, 잘 키울 수 있을까 걱정이 끊이지 않았다.

그러는 중에도 매일 배가 불러오고 태동이 느껴졌다. 정말 엄마가 되는구나 싶었다. 산달이 가까워지면서는 요통 때문에 힘들었지만 빨리 만나고 싶다는 마음, 아기도 나만큼 힘들 것이라는 생각에 버텼던 것 같다.

7월 말, 예정일이 되어도 진통이 오지 않아서 마음이 초초해졌지만 사카모토 선생님의 말이 나를 진정시켜주었다.

"아기의 속도에 맞추면 돼."

드디어 8월 2일, 점심 무렵 양수가 터졌고 진통이 시작되었다. 진통이 1분 간격으로 잦아진 것은 한밤중, 너무 아팠다. 이렇게까지 아플 줄 몰랐다.

"조금만 더, 끝이 보여요!"

옆에서 가미야 선생님이 힘을 불어넣어 주셨다. 기다리고 기다리던 아기와의 첫 만남. 지금 되돌아보면 놀라운 경험이었고, 좋은 분들과 함께해서 더 행복했다. 따뜻한 밥을 챙겨주신 조산원 아주머니, 어머니, 남편에게도 정말 고맙다.

조산사로서의 인생

조산사를 꿈꾸지 않았지만
마음 가는 데로 살다 보니 지금껏 이렇게 살고 있습니다.
이 일을 66년이나 계속해오다니, 인연이란 참 신기하고도 신기하네요.

사카모토 조산원,
66년의 세월

모두 어머니 덕분입니다

나는 성격이 괄괄한 남자 같은 아이였다. 남자아이에게 놀림 받고 우는 여자아이가 있으면 달려가서 편들어주는 그런 타입. 그러다 보니 초등학교 시절에는 한쪽 소매를 수시로 찢어오곤 했다. 새끼 원숭이가 웃옷을 걸치고 돌아다니는 모습, 그게 나였다. 5형제 중 한가운데, 셋째인 나에게는 오빠가 두 명, 여동생이 두 명 있었고 태어난 지 얼마 되지 않아 세상을 떠난 탓에 한 번도 보지 못한 맨 위의 오빠가 한 명, 막내가 한 명씩 더 있었다고 한다. 아버지는 큰소리 한 번 낸 적 없는 상냥한 사람이라 크게 혼난 기억은 없다. 하지만 축제일에는 곧잘 요리도 하던 분이라 음식에 대해서는 까다롭게 굴었고 그러면 어머니는 '아빠처럼 음식 가지고 투덜대면 음식의 신이 벌주실 거야.' 하며 입버릇처럼 말하던 기억이 난다. 어머니는 글 한 자 몰랐지만 영감이 뛰어난 사람이었다. 글을 몰라 메모를 못하니 무엇이든 머릿속에 넣어두었고 다른 사람의 이야기를 잘 들어주었다. 기억력이 좋아서 주변 사람들이 많이 의지했다. 큰어머니가 "씨앗, 어디 심었더라?" 하면 어머니는 금방 대답했다. 그리고 몸을 아끼지 않는 사람이라 언제나 바지런히 일했고 짬이 나면 마을 어르신 댁을 돌며 안부를 물었다. 진지하고 부지런한 한편으로 유머도 있어서 건강상태를 살피다 간이 안 좋은 사람을 보면 "몸 좀 챙기세요. 간이 나빠서야 쓰나. 귀한 손주한테는 간도 쓸개도 빼준다던데, 이래서야 빼줄 간이 남아나겠수?" 하며 웃어넘길 한마디를 덧붙이곤 했다. 또 언제나 노래를 흥얼흥얼 해서 어머니가 집 근처에 다 와 가는 것을 누구나 알 수 있었다.

　어머니는 단 한 번도 '이렇게 살아야 잘 산다.' 하며 말로 가르친 적이 없다. 하지만 몸소 학문의 옷을 벗어던진, 인간의 참모습을 보여주셨다. 89세에 노망나서 세상을 뜰 때까지 쭉 건강하게 사셨는데, 혈압이 240에서 120까지 오르내렸지만 혈관이 튼튼해서 뇌졸중은 피해갔다. 해를 자주 보고 몸을 많이 움직인 사람은 혈관이 튼튼하다던데, 그야말로 건강한 삶을 살다 떠났다. 내가 이 나이가 되었음에도 생각이 굳지 않고 결단이 빠른 것은 어머니로부터 물려받은 유전자 덕인 듯하다. 만약 내가 남이 하는 말에 끙끙 앓는 성격이었다면 이미 병에 걸려서 세상을 떠나 이렇게 오래 조산사로 일하진 못하지 않았을까.

조산사 학교? 한번 가볼까?

14세부터 약 6년간, 오사카에 있는 치과의사 댁에 들어가 살면서 요즘으로 말하면 치위생사가 하는 일을 도왔다. 바지 하나에 14전, 우동 한 그릇이 6전 하던 그 시절, 내 월급은 4엔이었다. 월급을 받으면 고향에 사는 동생들에게 대도시 오사카에서만 파는 과자를 한가득 사서 보내는 게 삶의 낙이었다. 당시 오사카의 유복한 가정에서는 시골에 사는 젊은이를 들여서 먹이고 공부시키는 것을 당연하게 여기는 풍조가 있었다. 내가 신세를 진 의사 선생님 댁에도 오키나와, 한국에서 온 서생, 가사를 돕는 도야마 출신 여자아이가 있었다. 사모님은 우리 모두를 가족처럼 대하시며 외식에도 빼놓지 않고 데려갈 정도였다. 장어집에 처음 갔을 때는 '세상에, 이렇게 맛있는 음식이 있다니!' 하며 진심으로 감격했다.

일을 시작한 지 2년이 지났을 때, 사모님은 나에게 간호사 면허를 따보라고 권했다. 그때부터 학교에 다니며 공부를 시작했다. 교복은 보랏빛 상의에 짙은 남색 하의. 오가타 조산사 교육소의 오가타 선생님은 '조산사는 품위를 갖춰야 하는 직업'이라며 이를 교육 방침에 반영했고 그 때문에 정규 과목에 예절 교육, 꽃꽂이도 들어 있었다.

일도 즐거웠지만 학교는 더 즐거웠다. 같이 지내던 가사 도우미 아이는 학교에 가지 못했기 때문에 일요일이면 영화나 보고 오라고하고 대신 열심히 창문을 닦아두었다. 간호사 면허를 따고 나니 이번에는 '간호사는 정년이 있지만 조산사는 언제까지고 할 수 있다.'라는 말에 조산사 면허를 땄고 전쟁 중이라 간호사, 조산사 면허가 있으면 6개월 만에 공중보건사 면허까지 내주던 시대라 내친김에 결국 그것까지 따버렸다. 의외로 무사태평한 성격인지라 남이 권한 한마디에 '조산사? 한번 해볼까?' 하는 생각으로 시작해 지금까지 세상에 보탬이 되며 살고 있으니 신기한 일이다. 그 시절에는 집이 가난해도 이렇게 도움을 받아 공부할 기회가 있었다. 나름대로 풍요로운 시절이었다. 평생의 은인인 치과의사 댁 사모님은 마지막 가시는 길에 '후지에가 만들어준 고등어 초밥이 먹고 싶어.'라는 말을 남기셨다고 한다. 그래서 지금도 매년 기일에 고등어 초밥을 만들어 보내고 있다.

처음 오사카에 온 것이 1939년. 그로부터 2년 후 태평양 전쟁이 발발했다. 처음에는 그 여파가 크게 느껴지지 않더니 나날이 전쟁의 색이 짙어졌고 1943년 말에는 너도나도 하루 먹거리를 구하려고 필사적이 되었다. 유복했던 치과의사 댁도 예외가 아닌지라 공습을 피해 수레에 가재도구를 싣고 나라奈良까지 피란을 갔다. 공습이 지나가면 사람 살 타는 냄새가 코를 찔렀고 가축의 사체가 길거리에 널려 있었다. 언제 또 공습이 올지 몰라 신발을 신고 자야하는 그야말로 하루살이였다. 어떤 힘든 상황이 닥쳐와도 그때를 떠올리면 다 이겨낼 수 있을 듯한 기분이 든다.

공중보건사 자격이 있던 나는 배움이 끝나고도 고향에 가지 못하고 '총이 지나간 자리에 보건사가 있다.'는 구호 아래 검은색 가죽 수첩을 나눠 받고 공습 후 구호활동, 결핵 예방 활동을 하느라 바빴다. 1945년, 라디오에서 천황의 항복 선언이 흘러나오고서야 겨우 내 고향, 기요카와로 돌아왔다.

시어머니로부터 시작된 연담緣談

고향으로 돌아온 후에는 이웃 마을인 가미하야무라에서 나이 많은 의사를 도와 병원 일을 보았다. 전 국민이 의무 가입하는 국민건강보험 제도가 막 시작된 시점이라 곳곳을 돌아다니며 "보험에 드는 게 득이에요. 출산이나 큰 병에 걸려도 이제 걱정 없어요." 하며 가입을 권했다. 한편으로는 출장조산사 일을 같이 했다. 처음 아이를 받은 것은 1945년, 피란 온 임신부였다. 지금도 그 순간을 잊을 수 없다.

그 당시 여성들은 평균적으로 4~5명의 아이를 낳았는데 출산 비용이란 것이 딱히 정해져 있지 않아서 스님에게 시주하듯 각자 줄 수 있는 '마음'을 싸 주었다. 가난한 집에서는 애 아빠가 고등어나 가다랑어를 내밀면서 간절한 마음으로 부탁해오기도 했다. 당시 사람들에게 출산이란 먹고 싸는 것만큼이나 지극히 자연스러운 일이었다. 그래서 지금처럼 심각하게 생각하지 않았다.

그 시절, 종종 젊은이들끼리 모여 기탄없이 토론을 벌이기도 했는데, 그중 괜찮아 보이는 남자가 있었지만, 왠지 모르게 과격한 면이 있어서 결혼 생각은 들지 않았다. 나중에 그는 청산가리를 마시고 우물가에서 자살했다. 이유는 아직 모른다. 조용한 마을에서는 그야말로 충격적인 일이었다.

당시 가미하야무라는 인구 2,752명, 약 490세대의 마을이었다. 일 때문에 몇 번 사카모토 댁에 들렀을 때 지금의 시어머니가 나를 좋게 보셨던 것인지 친척을 통해 혼담이 왔다. 사카모토 댁 장남인 그는 나보다 두 살 연하로, 과묵한 사람이라 그때까지 말 섞은 적은 없었지만 든든한 인상이었다. 키 145cm의 작달막한 나에게 키 182cm, 몸무게 80kg이나 되는 체격의 그가 얼마나 믿음직스러웠던지……. 그렇게 우리는 부부의 연을 맺었다. 결혼 후 병원과 건강보험 일은 그만두고 시댁 근처에 사카모토 조산원을 열었다. 당시 시댁에는 미혼의 시동생들과 이혼 후 돌아와 사는 시누이, 그 아이들을 포함해서 총 12명의 식구가 있었고 집안일을 돕는 사람이 2명 있었다. 시아버지는 엄격한 사람이라 외출한다고 하면 어디 가는지, 언제 돌아올지 물어두었다가 그 시간을 조금이라도 넘기면 화가 나서 주먹 쥐고 현관에서 기다릴 정도였다. 시어머니는 곱게 자란 미인이었다. 농가에 시집왔지만 농사일은 할 줄 모르는 사람. 늘 마루에 앉아 쉬고 있어서 모르는 사람은 '사카모토 댁에 아주 고운 아가씨가 있어.' 할 정도였다.

나는 출산이 없을 때는 밭일, 집안일을 했다. 아침 5시에 일어나 자정에 잠들 때까지 잠시도 쉬지 않았다. 당연한 일처럼 여겨 딱히 힘들다는 생각은 안 했다. 그나마 힘들었던 것이 빨래였다. 큰 대야에 담아 빨고는 강에서 헹구는데 식구가 많으니 빨래는 산더미, 제대로 된 비누도 없던 시절이라 보통 일이 아니었다. 또 식탁에 둘러앉아 같이 식사하던 관습이 없던 때라 식구 수대로 상을 차려야 했다. 쌀이 귀하던 시절이라 메뉴는 늘 장아찌와 죽. 그것도 고구마나 감자로 양을 늘려놓은 것이라 금방 배가 꺼졌고 하루에 네 끼씩 차려야 했다. 새벽에 아기를 받았더라도 늦잠 잘 여유가 없어서 나는 늘 졸린 상태였다.

그 시절 임신부들은 요즘과 달리 태평해서 진찰받으러 오라고 재촉하지 않으면 출산 직전까지는 올 생각을 안 했다. 그래서 나는 마을마다 요일을 정해두고 4주에 한 번씩 방문 검진을 했다. 그때는 출산 예정일이라고 정해진 것이 없고 신호가 오면 나오나 보다 하던 시절이었다. 농가의 아낙들은 운동량이 많아서 대부분 순산이었다. 게다가 같이 사는 시어머니가 몸을 차게 하면 안 된다느니, 오징어나 문어를 먹으면 뼈 없는 아이가 나온다느니, 불을 보면 멍 자국 있는 아기가 나온다느니 이런저런 잔소리로 단속해서 임신부는 저절로 몸을 챙기게 되는 분위기였다. 이제는 다 미신이라 여기겠지만 옛사람의 말을 듣는 것은 임신부에게 득이면 득이지 손이 될 일은 없다고 본다. 내가 지금껏 무사히 조산사 일을 할 수 있는 것도 내가 잘나서가 아니고 인생 선배들이 많은 시골에서 처음 일을 시작했던 덕이 아닐까 싶다. 당시는 초음파 기계는 물론, 도와줄 사람도 없어서 혼자서 임신부 배에 귀를 대고 아기의 심장 박동을 들으며 출산을 진행했다. 이제는 길 가다가 갑자기 출산을 만나도 도구 하나 없이 아기를 받을 수 있을 정도이다. 출산이 있으면 7~8명 아이를 낳은 자식 복 있는 아낙들이 모여 산모를 격려했다. 산파나 조산사가 하나의 직업, 자격으로 인정받기 전에는 그런 '출산 어멈'들이 자기 경험을 바탕으로 아이를 받기도 했다. 그때의 나는 학교에서 배운 것은 있으나 아직 어려서 경험이 부족했고 출산 현장에 와준 그네들로부터 정말 많은 것을 배웠다. 그리고 보면 우리 엄마, 할머니도 출산 어멈으로 살았다.

남편과의 결혼생활

결혼해서 3년이 지난 28세 때 첫째 아들, 34세 때 둘째 아들을 낳았다. 시아버지는 엄격한 사람이었지만 출산이 있을 때만큼은 자진해서 두 아이를 봐주셨고 덕분에 안심하고 일할 수 있었다. 좋았던 것은 여기까지. 시어머니는 비가 와도 빨래를 거둬주지 않는 분이라 나는 일하다가도 구름 모양이 수상하면 집으로 달려가 빨래를 걷어야 했다. 조산원에서 번 돈은 동전 하나 내가 갖지 않고 집에 보냈지만 시어머니는 일하는 며느리를 들여서 힘들다며 투덜투덜했다. 난 어땠냐고? 원래 그런 사람이려니 하고 살았지 뭐.

은행원이었던 남편은 정의감 넘치고 성실한 사람이었는데 특히 역사를 좋아해서 아들들이랑 역사 여행도 자주 다녔다. 부부생활? 아무리 피곤해도 거절한 적이 없었다. 그래서인지 남편은 은행에서 꽤 신뢰가 높았는데 남자가 부부생활에 만족하면 허튼짓 하지 않아서 그런 듯싶다. 남편은 달걀을 무척이나 좋아해서 도시락 반찬이 매일 같으면 부끄러울까 싶어 다른 반찬을 싸주면 '오늘은 왜 달걀이 없냐?'며 실망하곤 했다.

부부끼리는 닮는다는데 나랑 남편은 전혀 달랐다. 장남이 태어났을 때 남편은 마침 만성 골염으로 부자간에 나란히 누워 지냈다. 때마

침 온 친척 아주머니가 마냥 누워 있는 것도 힘드니 참배길에 같이 나
서자고 권했다. 그런데 그는 '정의 빼면 시체인데, 신 앞에 고개 숙일
만큼 잘못한 일 없수다.'라면서 단칼에 거절하는 게 아닌가. 신 앞에
당당하다니, 그런 생각을 할 줄은 꿈에도 몰랐다. 그때는 아무 말 못
했지만 그 말은 지금도 잊을 수 없다.

손자, 증손자까지 내 손으로 받다

그렇게 일과 육아를 병행했지만 요즘 엄마들처럼 전업주부니 워킹맘
이니 하는 발상은 전혀 없었다. 조산원 일이 없으면 평범한 농가의 아
낙이었으니까. 조산사로 이름을 날리겠다거나 큰돈을 벌겠다는 생각
은 전혀 없었지만 그래도 의료 지식을 갖고 일하는 조산사로서의 자부
심, 봉사 정신은 학교 졸업 이래로 변함이 없다. 출산이 있는 곳은 어
디든 달려가는 '조산사 기질'이라고나 할까. 오래 참고 많은 경험을 쌓
아야 실전에서 능력을 발휘할 수 있다. 그 능력이 열심히 일한 보수나
마찬가지라고 믿고 산다.

　집에서 분만하는 것이 당연히 여겨지던 시절을 지나 패전 후 연
합군 최고사령부와 함께 마티슨 여사라는 간호사가 일본에 들어왔다.
'창고 같은 곳에서 아기를 낳는 일본의 출산은 불결하다.'라는 그녀의

말과 함께 점차 병원 분만이 퍼져 나갔고 전에 없던 베이비붐까지 겹쳐서 국립병원 간호사들은 양손에 둘씩 아기를 안고 목욕실로 왔다 갔다 했다는 말까지 있었다. 임산부는 넘치고 일손은 부족하니 진통촉진제도 점점 많이 쓰였다. 그런 와중에 나는 옛날 방식 그대로 시골 구석을 누비며 아기를 받으며 살았다.

그렇게 병원 출산이 당연해지는 와중에 '구석이라도 좋으니 사카모토 댁에서 낳으면 안 될까요?' 하는 목소리가 많아졌다. 그때부터 집을 개조해서 입원 시설을 만들고 1976년 조산원 신고를 했다. 내 나이 52세, 출장분만보다 내원하는 쪽이 나한테도 편했고 젊은 조산사들도 모여들어서 더 좋았다. 장소가 조산원이든 집이든 기본적인 방식은 똑같다. 세상 밖에 나오려는 아기의 힘을 완전히 믿고 지지할 것, 가족과 함께 출산할 것. 지금까지도 이 신념에는 변함이 없다.

그 무렵 우리 집에서는 장가간 장남에게서 첫째, 둘째가 태어나는 경사가 있었다. 조산사 사이에는 '며느리의 출산은 보지 않는다.'라는 나름의 규칙이 있었지만 며느리가 꼭 내 손으로 받아달라기에 한 번 받고 나서 큰며느리, 작은며느리, 심지어 손자며느리까지도 여기서 아기를 낳았다. 아무도 싫은 표정은 안 했지만 그게 싫었던 며느리도 있을지 모르겠다. 산모들은 출산 후에도 육아 상담을 하러 이곳에 오는데 내 며느리, 남의 며느리랄 것 없이 묻는 말에 조언해줄 뿐 간섭은 하지 않는다. 잔소리가 많았다면 지금처럼 사람들이 안 왔을지도 모르겠다. 손자, 증손자까지 이 손으로 받은 것은 조산사였기에 누릴 수 있는 큰 행복이었다.

조산사를 그만두려 했던 단 한순간

1995년부터 8년간, 사단법인 일본조산사회 와카야마 지부장을 맡으며 회의 때문에 두 달에 한 번씩 상경했던 적이 있었다. 직업 특성상 길게는 자리를 못 비우는지라 저녁 막차로 와카야마에 가서 야간 버스를 갈아타고 다음 날 아침 6시 도쿄 신주쿠에 도착하는 식이었다. 회의가 끝나면 또 막차 시간에 맞추려고 신칸센에 몸을 날려야 했다. 전국 조산사 간의 네트워크 같은 것이 그때 처음 생겼다. 와카야마에는 개업 조산사가 7~8명, 병원 소속 조산사가 120명 정도였는데 그 일을 하면서 나름의 동향도 알 수 있었다.

　협회 일, 출산으로 바쁘게 살면서 마음 한구석에는 '계속 이 일을 해도 괜찮을까?' 하는 생각이 있었다. 72세였던가. 아마, 이 일을 계속하는 한 어디 멀리 여행 한 번 못 가겠다 싶었다. 그러다가 선천성 고관절 탈구와 아기의 심리를 연구하던 이시다 가쓰마사 선생님이 조산사를 대상으로 마련한 강연을 들었다. 그곳에서 들은 선생님의 한마디가 흔들리던 마음을 붙잡아주었다.

"아기 눈이 반짝반짝 빛나는 그런 출산은 자연분만뿐입니다."

그래, 나는 조산사다. 지금도 나는 '한 아이라도 더 자연분만으로 태어나도록' 계속 일하고 있다.

1997년에는 인구가 많은 다나베 시로 이사했다. 가미하야무라보다 훨씬 출산 건수가 많아서 시골에서는 겪어보지 못한 경험도 많이 했다. 제대 탈출때문에 오싹했던 일, 태반 유착을 두 번이나 겪은 산모가 셋째는 꼭 자연분만 하고 싶다고 비는 바람에 접수 후에는 내가 신께 비는 심정으로 지낸 적도 있다. 경험이 많아질수록 '큰 세상에 나왔구나.' 하며 실감했다.

사람마다 사는 모습이 다르듯 태어나는 모습도 같은 사람이 없다. 그러니 출산을 패턴화하는 것은 상당히 위험한 생각이다. 처음 만난 임신부의 아기를 받을 때도 내 며느리, 손자며느리의 아기를 받을 때와 마음가짐이 다르지 않고 다 특별하고 소중한 아기로 보인다. 자궁 속에 있는 아기는 아직 인간의 손이 닿지 않는 신의 영역에 속하는지라 밖으로 나올 힘을 지니고 있다. 옛날에는 '아기 목소리가 들린다면 일하기가 얼마나 수월할까.' 하고 생각했지만 지금 생각해보면 진통이야말로 아기의 목소리가 아닐까. 진통을 무서워하지 말고 아기 목소리에 귀 기울여 보자.

58년간, 응어리로 남아 있던 것

내가 84세 되던 해 남편은 소뇌에 병에 생겨서 몸져누웠다. 역사 여행을 그렇게나 좋아하던 사람이 누워서 텔레비전으로 역사 방송 보는 것밖에 못하니 얼마나 답답했을까. 그런 남편의 간호를 하던 나는 문득 58년 전, 남편이 했던 말이 떠올랐다. 신 앞에 당당해서 고개를 못 숙인다니, 신과 자연에 대한 경외감으로 매일 기도하는 기분으로 아기를 받는 나로서는 정말 마음에 걸리는 말이었다. 게다가 지금껏 같이 살면서 신발 한 짝 못 받았다는 생각이 들면서 속이 부글부글 끓어올랐다. 그동안 쌓였던 서운함이 남편의 병시중을 하며 터져 나온 모양이다. 도저히 혼자 억누르지 못해 남편에게 그때 한 말에 변함이 없느냐고 물었더니 이제는 목이 빠져라 고개를 젓는 것이다. 그 모습을 보고서야 겨우 마음에 난 가시를 뽑아낼 수 있었다.

젊은이들과 함께 일하는 즐거움

다나베 시로 조산원을 옮기고 나니 젊은 조산사, 예비 조산사들이 배움을 찾아서 이곳에 왔다. 갓 학교를 졸업했던 내가 경험 많은 출산 어머니들에게 배워가며 66년 동안 경험을 쌓고 나니 이번에는 젊은이들이 나를 찾아온다. 예비 조산사들은 내가 학교 다니던 시절에는 의사나 했을 법한 어려운 공부를 많이 한다. 그래서 나는 그녀들의 목소리를 하나도 흘려듣지 않는다.

그녀들은 꿈을 품고 있다. 행복한 가정, 좋은 부부. 이런 젊은 조산사들의 마음이 임산부나 그 가족을 대할 때 자연스레 묻어나와 조산원 분만이 점점 풍요로워지고 있다. 나로서는 할 수 없는 일이다. 인간이란 나이나 경험과 상관없이 모두 같이 살아가는 동등한 존재이다. 조산원은 물론, 가족, 회사, 사회 전체에서도 마찬가지이다.

내 존재가 남에게 도움이 되는 것. 인간이 누릴 수 있는 가장 큰 기쁨이 아닐까. 내가 이렇게 오래 일하고 87세가 된 지금도 진화, 발전할 수 있는 것도 다 여러분 덕분이다. 고맙고 또 고맙다.

우선 동일본 대지진으로 큰 피해를 입은 많은 분께 깊은 위로의 말씀을 드립니다. 이번 대지진은 상상을 초월한 것으로 누구도 예상하지 못한 천재였습니다. 그 모습을 처음 텔레비전에서 보았을 때는 눈을 의심했지요. 나날이 보도되는 참상이 극심해서 말문이 막힙니다. 순식간에 파도에 휩쓸려 목숨을 잃은 사람들, 아내, 남편, 혹은 아이를 잃은 사람들에게 어떤 말이 위로가 될지, 87년을 살며 여러 번의 재난을 겪은 나이지만 이런 혹독함은 처음입니다.

자식을 다 키워 독립시킬 때, 품에서 떠나보낼 때, 부모는 걱정이 앞서지만 나는 걱정하기보다 간절한 기도를 올립니다. 저들을 지켜달라고……. 내 눈과 손이 닿는 범위는 지극히 작지만 염원은 천 리를 간다고 하지요. 항상 간절히 빕니다. 세계 각국의 염원이 재난 지역 사람들에게 닿을 것이라고 확신합니다. 희망의 끈을 놓지 말아 주세요. 살아만 있으면 반드시 길이 열립니다. 함께 손을 잡고 하루하루

이겨냅시다.

　재난으로 잃은 목숨, 새롭게 태어나는 목숨, 모두 귀합니다. 우리는 2억분의 1이라는 놀라운 확률로 후세대로 생명을 이어가는 사명을 갖고 태어났으니까요. 육아의 절반 이상은 가정의 몫입니다. 내가 이 책을 통해 하고 싶었던 말은 단 하나입니다. 올곧은 아이로 키워주십시오. 함께 사는 부모, 형제, 자매를 귀히 여기고 부부가 서로 아끼면 한층 좋은 세상이 될 것입니다.

2011년 3월

사카모토 후지에

괜찮아 괜찮아

초판 1쇄 2014년 1월 22일

지은이	사카모토 후지에
옮긴이	이소영
발행인	노재현
제작총괄	손장환
편집장	이정아
책임편집	안수정
디자인	권오경 김덕오 김미연
마케팅	김동현 신영병 김용호 임정호 이진규
제작	김훈일 박자윤
저작권	안수진
홍보	이효정
교정·교열	전경서
인쇄	영신사
발행처	중앙북스㈜
등록	2007년 2월 13일 제2-4561호
주소	(121-904)서울시 마포구 상암산로 48-6번지 DMCC빌딩 20층
구입 문의	(02)2031-1303
내용 문의	(02)2031-1371
팩스	(02)2031-1399
홈페이지	www.joongangbooks.co.kr

ISBN 978-89-278-0517-5 13590